ソニー、パナソニックが
東になってもかなわない

The Most Powerful Management of SAMSUNG

サムスンの最強マネジメント

申 元東 Shin Wondong◉[著]　岩本永三郎◉[訳]　前坂俊之◉[監修]

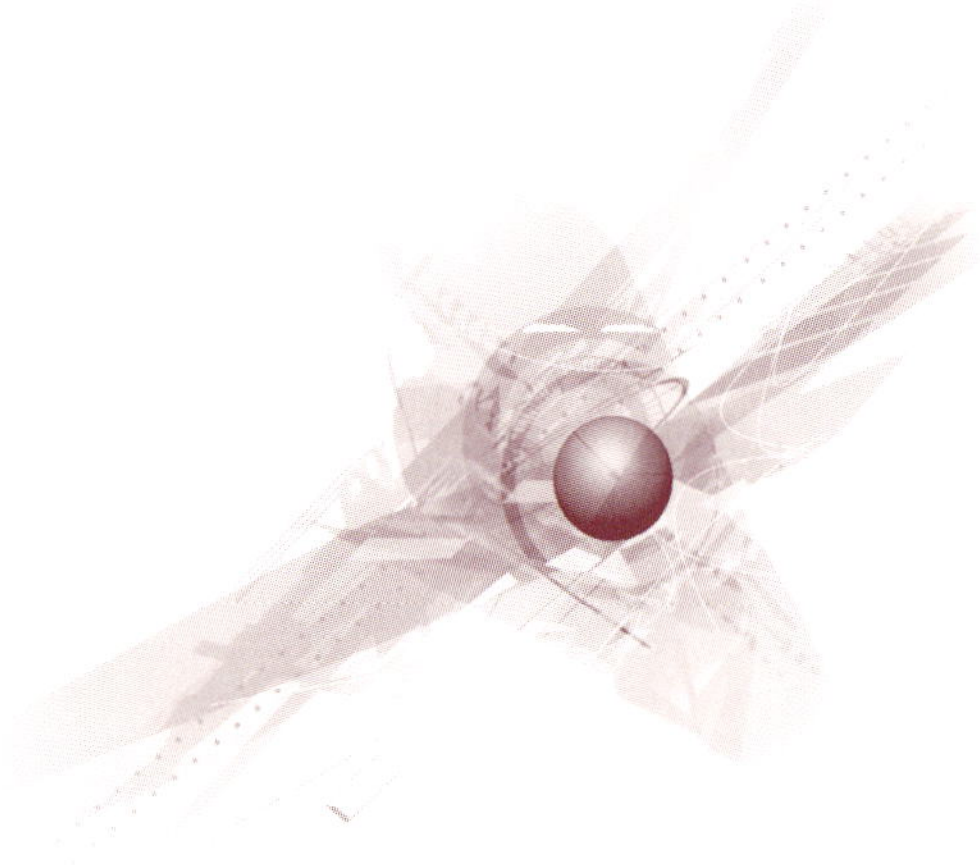

徳間書店

삼성의 인재경영
by
신원동

サムスンの最強マネジメント

プロローグ

何がサムスンを最高にしたか

ハーバードの経営大学院も注目するサムスン

２００４年５月末、ハーバード大学の経営大学院生32名がサムスンの現場を直接体験して学ぶために、韓国へとやってきた。彼らは休み中の課題である「世界の超一流企業体験学習プログラム（HBS Korea Trip 2005）」の一つとして、サムスンをベンチマーキング（ある分野の最高優良企業を調査・分析し、自らの糧とすること）しようと訪ねてきたのだ。

彼らがまず訪問したのは、ソウル市の太平路《テピョンノ》にあるサムスン電子本社のグローバルマーケティング室と未来戦略グループだった。そこでサムスン電子のおおよその現況を説明されたのだ。そして彼らはブランド、製品戦略、および未来戦略などについて鋭い質問をするとともに、ディスカッションを行った。その後、世界をリードしているサムスン電子の半導体関連の始興《シフン》工場（ソウル郊外、京畿道龍仁郡《ヨンイン》）を訪ね、サムスン電子の半導体の現況と世界的なプレゼンス、中長期経営戦略などを紹介され、現場を体験した。

サムスンがこのように優秀な企業のベンチマーキングの対象となり、世界的な経営大学の研究対象となった理由はどこにあるのか。

このサムスンの力とはいったい何なのか。

世界のマスコミは近年、先を争ってサムスンの成功の秘訣について報じている。それらの記事の核心は、「サムスンの人材経営」によって占められている。

しかし、これまでサムスンの成功神話について多くの分析がなされ、スポットが当てられてきたが、肝心要《かなめ》の人材経営の核心に踏み込んだものはそう多くない。あったとしても、「群盲象を撫《な》でる」式の漠たる推測記事がほとんどだ。

しかしながら、現実的にはそうならざるを得なかった。外部の人びとがサムスンの内部に立ち入るのはほとんど不可能だったからだ。とくに、人事についてはサムスンに長く勤めた「サムスンマン」でさえ、わからないことが多い。人事についての重要なことは大部分が極秘に管理されてきたからだ。

そのために、同じ人事部に属する者でさえ、実際に人事を担当する者以外は個々の具体的なことについては詳しくわからないほど極秘にされてきた。

サムスンは人材を経営する

サムスンの人材経営をベンチマーキングするために少しでも分析したことがある人なら、ためらいなく「やはりサムスンマンは違う!」と感嘆するようにいったものだ。サムスンマンは名門大学を卒業して優れた実力と才能があれば勤まるというものではけっしてない。またサムスンという組織にただ身を委《ゆだ》ねていれば、自ずからサムスンマンになれるというものでもない。

サムスンには、長い年月をかけて伝統的に受け継がれ、蓄積されてきた特有の強力な人材育成システムがある。サムスンマンは、人事管理と一心同体の戦略的な教育と徹底した訓練を経て体系的に育成される。人材には先天的なものもあるが、きちんとした教育を通じてこそ、(後天的に)しっかりと育てられる。この確固たる信念と哲学、そしてノウハウをサムスンはもっているのである。

サムスンは人材を尊び、立派な人材を確保するために特段の熱意を払っている。例えば、サムスンは、新入社員公募採用制度やキャリア社員公募採用制度を韓国で初めて導入した。また、人材を選抜するために開発した各種の工夫をこらした面接方法をたくみに運営している。このような徹底した努力とシステムは、サムスンがいかに人材を重視しているかを示している。

サムスンは才能ある人材を選ぶのにもまして、人材を育てることに情熱を注いでいる。サムスンに身を置いているマンパワーを立派な人材に育て上げるのはもちろん、社会一般の人材育成のための投資にも特別に情熱を注いでいる。李健熙《イゴニ》会長は「企業が人材を育成しないのは一種の罪悪だ」とまで主張したことがある。サムスンは今日、世界の超一流企業としてそびえ立っているが、その秘訣はまさしく「人材づくり」にある。サムスンは人材を育てる。そして立派に育てられた人材が、サムスンを世界的な超一流企業へとつくり上げたのである。

人事部長から見たサムスンの力

私は大学を出てから、サムスンの人事部に18年間勤めた。入社とともにサムスン電子地方事業所人事部にすぐ配属され、人事のイロハから教わった。そして、人材育成を指導する現場で働き、身をもって体験するなかで、私自身もサムスンが望む人材につくられていった。

サムスンを辞めてからは、人材資源の管理や開発の分野でコンサルティングにかかわり、多くの企業とＣＥＯ（最高経営責任者）たちが、サムスンの人材育成システムを知りたいと思っていることがよりよくわかった。これが、この本を執筆した一番大きな動機だ。サムスンの人材育成と哲学、そしてシステムを学ぼうという現場の声と、優れた人材として育成されていくサムスンマンをベンチマーキングしたいという人たちの要望に応えたかったのである。

本書は、人材経営の現場で私が直接見て肌で感じたサムスンの人材づくりのノウハウと事例をありのままに紹介している。自らの人生において優れた人材となって見事にリーダーシップを発揮したい。本書はそんな多くの読者に、誰でもそうした人材になれるという自信と勇気をもたらすだろう。そして企業をはじめとするすべての組織、今日も熱心に働いているすべてのビジネスマンに、経営の重要な哲学を心に刻み、誰からも認められる優れた人材になれるというビジョンを伝えるであろう。

この本が世に出るまで、いつも心から支えてくれた家族にまず感謝したい。故郷の龍門《ヨンムン》（慶尚北道醴泉郡《イエチヨン》）で、愚息の行く末を気遣ってくれている母の期待に応えたいと思う。

最後になったが、拙著ができるまで協力をおしまず、激励してくれた青林《チョンリム》出版社の皆さんに本当に感謝したい。また、今回の日本語版の出版に際して南尚鎮《ナムサンジン》氏にご尽力いただいた。しかしながら、日本語版の本書を見ることなく南尚鎮氏は急逝された。心よりご冥福をお祈りいたします。

申元東《シンウオンドン》

サムスンの最強マネジメント　目次

第2章　サムスンの成功戦略　91

――サムスンで昇進し成功した人たち

装幀――赤谷直宣

第1章　サムスンの人材経営戦略

——サムスンは人材をつくり人材はサムスンを成長させる

1　奇跡を起こすサムスンの人材経営

サムスンはミステリーな企業だ

あるとき、サムスン電子は超優良企業として飛躍するために世界的なコンサルティング企業のマッキンゼーによる経営診断を受けた。総合病院でＭＲＩ撮影で健康をチェックするように、マッキンゼーは長時間かけて会社の隅ずみまで診断し、要素別に状況を把握して分析した。

その結果が、サムスンの全役員が一堂に会するなかで発表された。その内容のほぼすべてが共感を集め、誰もがうなずきながら聞き入っていた。ところが、コンサルティングを担当したマッキンゼーの首席主任が意外にも次のような話をするのであった。

「サムスン電子は、他の企業と比べてとくに優れたところはない。それにまた、目標値があまりに過大に設定されており、事業案件も客観的に達成できない不可能な数値を掲げている。ところで、本当に特異な点は、それでも結局は目標を成し遂げたことである。客観的に不可能なことをサムスンはやり遂げる。これがサムスンのミステリーだ」

歴史をひもとけば、サムスンの胎動期から、デジタル化が一般化している21世紀の現在まで、サムスンはたえず変化と革新を重ねてきた。韓国のうず巻く政治の現実、そして度重なる政変のなかでも、サムスンはこれまで誰も成し得なかった優れた成果を上げ、世界的な超一流企業として成長した。

ところが、マッキンゼーはこの間、サムスンが成し得たその成果を「不可能なことを成し遂げた」と評価し、それを「ミステリー」と表現したのだ。

サムスンのミステリーは単純なものではない。これはサムスンマンがもっている、見えない独特で地道なパワーだ。サムスンを今日のサムスンたらしめているのは、サムスンマンの特別な底力であり、彼らだけのパワーなのだ。

サムスンを動かす経営者精神

サムスンの創業者・李秉喆《イビョンチョル》はサムスンの経営理念として次の3つを掲げている。第1は

「事業報国」であり、第2は「人材第一」、第3は「合理追求」だ。

「事業報国」とは、文字通り企業を通じて国家、さらに社会に貢献し、奉仕するという意味である。「報国」と言うと、戦前の日本の軍国主義的なイメージがつきまとうが、けっしてそうではない。企業の利益を上げることは、経営者が社会に果たすべき当然の義務であり、これが企業人として国のためになるということだ。もし、企業を運営して赤字を出し、国民に負担を及ぼすようになれば、企業と社会の両方に大きな罪を犯すことになる。

「人材第一」は「企業はすなわち人である」ということだ。人材を会社の資産として大切にし、人材を集めて育むのに最善を尽くさねばならないということだ。李秉喆は次のように述べている。

「一年の計は穀物を植えるところにあり、十年の計は樹木を植えるところにあり、百年の計は人を植えるところにある」

「私は人生の80パーセントを人材を集めて教育することに費やした」

「この間、私の手で小切手や伝票に印鑑を押したり、モノを直接買ったことはない。ハンコを押すビジネスをする人を探し求めて育てる。これが私のなすべき仕事だと思う。人を育てることに最も心を砕いてきた」

「合理追求」は事業を運営しながら、目先の利益ばかり追求するのではなく、すべての状況と要因を十分に検討、分析し、合理的方法で経営しなければならないということだ。そのためには、国内外の情勢の変動を正しく見通し、無謀な欲は捨て、「もっけの幸い」を望むようなハイリスクな投機は絶対に避けねばならない。また、直観力（けっして直感力ではない）を伸ばし、まさかのときのために何が起きても対応できる代案を用意し、経営効率を最大にするように合理性を追求しなければならない。

さらに、サムスンの創業時から掲げられた経営精神は以下の5つである。

- **創造精神――新しいことを探求し、開拓する**
- **道徳精神――真実で正しい行動をする**
- **第一主義――すべての面でナンバーワンになる**

●完全主義――確実で完璧に仕事をする
●共存共栄――互いに尊重して助け合う

半世紀を超える企業の歴史のなかで形成されたサムスンの経営理念とサムスン精神は、2代目の李健熙《イゴニ》会長の登場とともに今一度新しく生まれ変わった。李会長は1988年に「第二の創業」宣言と新しい経営の画期的な枠組みのなかで、サムスンの新しい経営理念と精神を発表した。

新しい時代の流れと歴史の求めるところにより、サムスンの経営理念は「人材と技術を基礎に、最高の製品とサービスを創り出し、人類社会に貢献する」とされた。これに基づく新しいサムスン精神は「顧客とともにある」、「世界に挑戦する」、そして「未来を創造する」ところにある。

サムスンの沿革をひもとくと、戦後韓国の政治・社会の激動を経ながら、数知れない試練と難関を巧みに切り抜けてきたことがわかる。サムスンが無から有を生み出すことができたのは、サムスン精神が礎にあったからこそであった。これはサムスンマンが難関を発展と挑戦の機会ととらえて踏み越えてきた、彼らだけの驚くべき底力と言える。

サムスン・ミステリーの正体

一般的に外部の人びとから見たサムスンの強みとして、ナンバーワン主義に立脚した人的資源の優秀性と完璧な経営管理システム、そして清廉でクリーンな商人《あきんど》精神が挙げられる。

第1の強みは「なせば成る」という強い信念をもって最高の目標に挑戦し、一人ひとりが進んで自分の仕事の第一人者となり、会社は業界のトップランナーを目指す。これがサムスンのナンバーワン主義だ。

第2の強みは、計画の段階から緻密に検討して試行錯誤をできるだけ減らし、人的・物的資源の損失を最小限に抑える完璧な経営管理システムである。

第3の強みは、急変する困難な環境に対して一歩先を見て対応し、世の中のめまぐるしい動きと競合の激しい経営環境にあっても、清廉潔癖をもって企業を永続させる商人根性である。

マッキンゼーのいうサムスン・ミステリーの答えは、まさしくここに求めることができる。

世界の超一流を志向するサムスン精神と、世界のどこに出してもまったく遜色のない人材集団という誇り高い自負心、そして高い理想と目標のなかで善意の競争を楽しむ挑戦者精神。人間味で築かれたサムスンマン特有の一体感。そして国家と民族への高い使命感などが挙げられる。

これらが凝縮されてつくり出された力こそ、「サムスン・ミステリーの正体」なのだ。

サムスンは人材を、人材はサムスンを目指す

人材を見きわめる李健熙会長の見方は際立っている。李会長は、現在のような個性時代、創造時代には個性の強い人こそシンパラム（興にのってやる気が出る気風）と精神を活かさなければならないと語った。こうした特異な長所ある者たちだけが創造的で挑戦的であり、並外れたプロ意識で武装した「ゴールドカラー」なのである（150ページ参照）。彼らこそ、企業の競争力だというのが、李会長の持論なのである。

李会長は、最近もたえず以下のような問いを投げかける。

「世界中で我われだけがもっているノウハウと技術は何なのか。我われの事業と製品のなかで本当に世界で一流だと自信をもって言えるものはどれだけあるのか」

李会長は世界最高の製品と技術を創り出すためには、その前提として最高の人材が必要であり、そうした人材を集めて育むようにと訴えた。

サムスンは今日も人材を集めるために並外れた情熱を注いでいる。公正かつ透明な人事で、能力のある人材に業界最高の待遇を与えている。そして、人材の個性的な能力を引き出し、確実に戦力として育て上げる、差別化された強力な人材育成システムが機能しているのだ。

サムスンこそ、能力ある者が最も惹きつけられる企業である。最近会った後輩は「サムスンこそ人材の天国です」と語っていた。この言葉が何度も耳もとによみがえってくる。

2　錦鯉人材論

人材づくりの秘訣が込められたビデオ

突然、一本の妙なビデオのために、サムスングループ全体が大騒ぎになった。それは、李健熙会長が手にした「錦鯉」のビデオだ。「錦鯉」というタイトルの日本の特集番組である。李会長は、このビデオに人材づくりの秘訣が込められているので、よく見て人材経営の教訓を学んでみよと指示した。これにより、グループ全体に非常命令がかかった。忙しくて死にそうなのに、どうして出しぬけに鯉のビデオで騒動を起こすのかと、誰もがいぶかった。

私は当時、サムスン電子本社の人事部長をしており、サムスン本社の9階で勤務していた。そして秘書室からビデオをもらい、誰よりも早くビデオを見た。李会長が人材づくりの秘訣が込められているというビデオだ。どんな内容なのかと気がかりだった。

ビデオのスイッチが入ると、日本ののどかな田舎風景が映し出され、山奥の池に咲く蓮の花の美しい場面が一幅の絵のように迫ってくる。そのなかに白と赤、そして黒っぽい色が調和した大きな錦鯉が色鮮やかに美しい姿を存分に誇っていた。

それに続く画面では、錦鯉を育てている鯉師たちの涙ぐましい執念のこもった仕事の過程が生き生きと描かれていた。その瞬間、私は「そうだ、まさしくこれだ！」と悲鳴にも似た声をあげたのだった。

錦鯉の誕生

日本の錦鯉の歴史は、ざっと２００年にも及ぶという。もともとは、池で観賞用として鯉を育てていた。鯉の色も白か黒だけだったが、ある日、白い鯉のなかで赤い斑点の突然変異のものが出たというのだ。

この現象をとらえ、鯉師たちはその１匹を他の鯉と交配させながら紅、白、黒の３色が織りなす調和した鮮やかな鯉をつくり出すのに成功したのだ。また、鯉の大きさも以前よりずっと大ぶりになった。大きさは75センチ、重さは5キロほどになるものまでの大型の鯉をつくり出したのだ。４年以上の苦労と努力の末に、すばらしい「作品」をつくり出したのである。

このように、李会長が絶賛したビデオには、鯉師たちの胸を揺さぶるような努力が込められていた。最高の錦鯉をつくり出すための４年以上の努力は、その時間の長さもさることながら、最高の錦鯉をつくり出そうとする執念、やむことのない挑戦など、示唆するところが大きかった。

錦鯉の名品をつくれ

田園風景の美しい新潟県山古志村に住む真野さんは、錦鯉師として13匹の牡鯉から稚魚を生ませ、５００万匹の稚魚を見事に誕生させた。彼はその稚魚を丹精込めて育てながら、さらに丈夫で生き生きとした稚魚を選び出した。

第１回目の鑑別作業で５００万匹のうち、10分の１ほどの50万匹を選び出し、残りの４５０万匹は残らず捨てた。選ばれた50万匹もその後すべて育てたわけではない。50万匹を一定期間育て、さらに２度目、３度目の鑑別作業を行う。３度目が終わると、残るのは５０００匹ほどにしかならない。選別で除かれた49万５０００匹は、いささかの未練もなく捨てられたのだ。

鯉師はすべてを犠牲にし、ひたすら錦鯉の養育のために全身全霊を尽くす。鯉がしっかりと育つように最適の温度と水質をきちんと保つため、梅雨時はとくに苦心する。また、真夏の暑さにも耐え忍ばねばならない。鯉がよく育つ水質は弱アルカリ性なので、１日に何度も池の中に入って直接水を飲み、味を試したりする。

梅雨時には非常事態が宣言されるが、それは雨水が酸性だからである。プランクトンが鯉の美しい色合いを出す決定的な要素だが、酸性の強い水の中ではプランクトンがしっかり育たないので、常に石灰をほどよくまいてやらねばならない。

考えもつかない様ざまな病気にかかったりするが、困ったことにそれに効《き》く特別な治療薬はない。だから、薬と言っても、何でもまいてやればよいというわけではないのだ。場合によっては、まいた薬が錦鯉の色合いに大きな影響を与えるからだ。治療薬と言えるのは、ただ塩水だけなので、病気との戦いはきわめて深刻と言わざるを得ない。

また、適正な水温を保ってこそ、錦鯉の食欲が旺盛になるので、その条件を十分に満たすために一日中あちこちの池（水槽）に鯉を移したり、温度をチェックし、調節するのに余念がない。

こうした環境上のインフラづくりも重要だが、実際の養育のために餌を取り揃えておくことが一番大切だ。餌は食べやすく消化のよい高タンパク質の飼料を主にしているが、その費用はかなりの額になる。少なくとも年間1億ウォン（800万円ほど）にのぼる。

日本の全国錦鯉品評会で優勝する錦鯉の条件はかなりハードルが高い。健康美や姿形などはもとより、色合いの鮮やかさ、美しくきちんと調和がとれた模様、全体としてバランスがよいものとなって、初めて見事な名品となる。

ところで驚くべきことに、500万の稚魚のうち、4～5年後に品評会に出られる鯉はせいぜい4～5匹ほどにすぎない。およそ100万匹ほどのなかから1匹だけが選ばれるというわけだ。品評会に出る選ばれた5匹の錦鯉を除く残りの499万9995匹はすべて捨てられる。

何年も手塩にかけて育てた鯉を捨ててしまわねばならない。その鯉師の気持ちが心安らかなはずがない。だが、ひたすら見事な鯉づくりのために涙をこらえ、鯉を選ぶことに精魂を傾けねばならない。鯉師たちはそのことをしっかりと心得ている。

サムスンは錦鯉のような人材を求めている

1匹の名品の錦鯉をつくり出すために、恐ろしいほどの執念と粘りをもって昼夜をわかたず集中し、錦鯉を世話する姿を見て、私は胸の奥までジーンと響く感動を覚えた。1匹の鯉がつくり出される過程も、このように涙ぐましい努力の積み重ねなのだ。また、日本人は鯉ばかりでなく、一輪の菊の花を咲かせるために寝食を忘れるほど手をかけ、時間をかける。いわんや、一人前の人材を育てるための過程とその努力がどれほど大切なのかを、今一度深く考えないわけにはいかなかった。

李会長が錦鯉師たちの話を通じて何を伝えようとしたのかは、自ずと明らかだろう。サムスンは今、名品中の名品の錦鯉を求めているのだ。

3　サムスンは戦略的に人材をマネジメントしている

「日本が負けたのにはワケがある」

これは日本の家電メーカー・三洋電機の最高経営者である井植敏（当時、同社会長）氏がサムスンの人力（マンパワー）開発院を訪ねたときの発言である。

2002年5月、井植会長は随行員を引き連れ、サムスンの人力開発院を訪れた。彼らはサムスンの人材育成の哲学とシステム、そして研修院の施設・設備について全般的なブリーフィングを受けた。

井植会長はサムスンが好調な理由と、その底力が人材経営にあることをすでに十分に知っていた。しかし、人材育成の現場を直《じか》に見学することにより、その規模の大きさと緻密な組織に改めて驚かざるを得なかった。1か月ほどかけて徹底される新入社員の教育をはじめ700以上にのぼるコンテンツを含むオンライン教育システムは、驚くべきものだったと言う。

人材を育てないのは罪悪である

李会長は企業が人材を育成しないのは一種の罪悪だというのが持論だ。彼はサムスンの経営権を受け継ぐと、まず初めに教育事業に着手した。最初のプロジェクトとして、先代会長が建てた湖巌館《ホアムグアン》（湖巌は初代会長・李秉喆の号）とは別に、最先端施設の創造館をつくった。

実際、先代会長の四十九日を終えた直後、第二研修院建設について最初のブリーフィングを行ったのがその証である。

そして、サムスン人力開発院はグループ会長室の直属であり、大きな力をもっている。グループの人材育成を陣頭指揮しているのも同じ文脈でみなければならない。

サムスンの人材育成は戦略的で体系的である

基本的にサムスンの人材経営は、会長の中長期戦略と軌を一にしている。そして人材経営はサムスンの戦略のなかでも一つの重要な軸をなしている。

確かにサムスン以外の多くの企業でも、人事と教育の部署が重要だと強調してはいる。しかし実のところ、多くの場合、経営戦略が樹立されてからは、その後を追いかけて慌てふためいていることが多い。人事部署の役割は、経営陣の場当たり的な命令を受けて処理するのにてんてこ舞いで、言い換えれば受け身の形で執行する場合がほとんどだ。人事部署が自ら率先して体系的な計画と戦略を立てることなど、考えにも及ばない。中長期的な人事戦略どころか、目前で起こっていることへの対策もない場合がほとんどなのだ。

「今度は誰々を昇進させる。誰々は他の部署へ異動させ、あいつは降格してしまえ！　今度は有無を言わせず賃金凍結だ。わかったか」など、社長の鶴の一声ですべてが決まってしまう。それに対して「ハイハイわかりました。すぐそのように措置いたします」と言ってただ唯唯諾諾として従うのが関の山だ。ただ指図されるまま動くだけなのだ。そして彼らは、忠誠心の強い人事部署とはこういうものだと思って自らを慰めているのである。

教育部署は、経営が左前になって会社が傾き、リストラが始まると、その対象の筆頭に挙げられる。当然のことながら、教育担当者も減らされる。さらに部署そのものが統廃合されるか、廃止される。

多くの企業が人事部署と教育部署をそれぞれ別の部署として運営しているが、サムスンの場合はそうではない。サムスンは人事部署と教育部署が事実上一つになり、たえず連携して動いている。もちろん、形式上は別組織であり、互いに独立した規範と役割があるから、別々に行動する場合も十分にあり得る。しかし、人事と教育の基本哲学は相通じるという思想から、一つになっていると認識している。

サムスンは困難にぶつかったときほど、教育と訓練によって精神的に武装し、一人一人の技量をグレードアップさせ、組織のチームパワーを高めるのに力を注いできた。

重要なことだが、私のように教育担当から出発し、人事部署へと異動する場合もよくあり、逆に人事から教育へ移る場合もまれではない。このように2つの部署では人事の交流が活発になされるので、互いの共感と絆が培われ、風通しがよくなるのである。

フランスの進化論者ラマルクは「用不用の説」を主張しているが、それは、動物は環境に対する適応力があるので、よく使う器官は発達し、使わない器官は退化してしまうという学説である。私は、人材育成に関する限り、この説は当てはまると考えている。

体系的かつ戦略的に教育すれば、ごく平凡な者たちを十分に人材として育むことができる。人材は教育を通じて育てられるというサムスンの人材哲学はひとことで言うと、「戦略的」であり、「体系的」なのである。

4　成功の秘訣はリーダーシップにある

「ベン・ハー」からリーダーシップを学ぶ

あるマスコミの記者が李健熙会長にインタビューを求めた。サムスンの成功の秘訣は何なのかをひとことで説明してほしいと言うのだ。この記者に対し、李会長は意外にも映画「ベン・ハー」の話から切り出した。

「『ベン・ハー』を観ると、戦車競走をしているとてもスリリングなシーンが出てきます。悪役のメッサーラは馬に鞭打って拍車をかけるばかりで、その鞭をチャールトン・ヘストン演じる主役のベン・ハーめがけてふるうが、ベン・ハーは競走に勝ちます。これはひとことで言って馬を操る技術の差から来るものでしょう。そのうえ、ベン・ハーは競技の前夜、4頭の馬を撫でながら英気を奮い立たせていたではありませんか。

鞭打つこともなく馬の心を動かし、人馬一体となって操るベン・ハーのような人格を修養したサムスンの多くの人材が、系列各社で係長から社長に至るまでの各職級で公式非公式を問わず常に何らかの研修で集まり、スタディグループ、コンサルティングチーム、タスクフォースチームと、グループ全体の要所要所に布陣していたために、サムスンは成功することができたのです」

「ベン・ハーのリーダーシップ」はその映画のハイライトと言うべき戦車競走を支えた。これについての李会長の話はとても印象的だ。彼は、サムスンの秘訣はひとことで言ってベン・ハーのようなリーダーたちが要所要所に布陣されてリーダーシップを発揮してきたからこそだと語った。

私は「ベン・ハー」を何度も観たが、戦車競走のシーンを見るときはいつもただ手に汗を握る迫真感とスリルを感じるだけで、李会長のような考えには至らなかった。李会長の話を嚙みしめながら、私はもう一度この映画を観た。

ベン・ハーの4頭の馬はどれも栗毛色ですばらしく、それぞれ名前もつけられていた。べン・ハーは1頭1頭の名前を呼びながら撫でてやったり、ほめたり、激励してやったりしていたが、その表情は実に心がこもり、愛情にあふれていた。馬たちも主人の関心と励ましにうなずくように尻尾を揺らし、主人の服の袖をなめたり、嚙んで引っ張るなどして十分に応えていた。

このとき、ベン・ハーは決戦を目前にした馬たちに、戦車競走の全般的な状況と戦略を教えながら自信を吹き込むなど、戦いの準備に余念がなかった。

「さあ、競走は競技場を9周する試合なんだ。俺たちは8周までは2番手につくんだ。そうして最後の1周に全力を尽くして走り、1番手をしっかりとつかむんだ。いいか。自信はあるかい。そうか、そうか。俺たちは勝てるよな！」

何よりも印象的なのは、ベン・ハーが馬たちの特徴を1頭1頭知り抜いて適材適所に配置していたことだ。足の速い馬は一番外に、速くはないが他の馬とのバランスをとるのがうまい馬は内側に、走りは普通だが粘りのある馬はその間に挟んだのである。

戦車競走には8チームが出場した。いずれも長い鞭をもって出たが、ベン・ハーの手にだけはそれがなかった。彼の手には手綱しかなかった。他の者は競走の序盤から力いっぱい鞭打ちながら馬を駆ったが、ベン・ハーだけは鞭の代わりに手綱で操りながら、馬たちと一体になって勝負をかけた。巧みな手綱さばきとともに、うなるような喊声で馬たちを動機づけて励まそうとする。そんなベン・ハーの表情がとても印象的だった。

護民官出身のメッサーラの狡猾な術策と様ざまな手ごわい挑戦があったものの、結局最後の感動的な勝利はベン・ハーのものとなった。彼の勝利はただ何となく転がり込んできたわけではない。ベン・ハーのリーダーシップがそれを可能にしたのである。個々の特性を考え抜いた適材適所の役割と任務の分担が組織のチームパワーとシナジー（相乗効果）を創造する。そのためのリーダーの一挙手一投足は、それ自体優れたリーダーシップである。結果として、このような戦術的配置が4頭の馬にみなぎるチームパワーを発揮させ、最後の勝利をもたらしたのである。

何よりもリーダーシップが重要である

李会長の言う通り、サムスンの成功の秘訣はリーダーシップだった。そうした文脈から、サムスンの人材育成でとくに強調されているのも、まさしくリーダーシップの教育だ。

サムスンの人力開発院には、もっぱらサムスンの役員たちのリーダーシップを担当しているチームがある。そして、サムスン電子が運営しているリーダー養成の中心である「サムスン・リーダーシップ・センター」が総力を挙げ、職務別、ポジション別に水準に見合った特別なリーダーシップ教育プログラムを運営している。

サムスン電子のリーダーシップ開発センターは、1998年1月にサムスン電子の管理職のリーダーシップの能力を開発するために組織された。とくに、IMF危機（1997年末の韓国の経済危機）以後、組織の改編と縮小による組織の雰囲気の刷新、核心のリーダーを養成するプログラムを主に実施した。そしてその後は、サムスン電子のリーダーシップ関連業務を束ね、超一流の企業文化を先導するグローバル・リーダーシップ・クリエーターと位置づけられている。センターの主な業務は大きく2つに分けられる。すなわち、リーダーシップ能力の開発と研究だ。

例えば、サムスン電子のリーダーシップと経営問題については、階層別のリーダーシップ教育を通じてそれぞれの職級の人材に伝えられる。そして組織の戦略方針を定める主要なスタッフを、事業関連企業の業務、資金関連の財務業務、人間関係の人事業務などについて、それぞれ戦略的に育成し、戦略の失敗による企画コストを減らすとともに、全社的に主な機能を先進化、構造化し、システム化できる社内能力を高めている。

こうした教育の成果を高めるために、リーダーシップの研究と診断、役員の意識調査などの研究活動をしており、このような研究を通じて得られた各種の情報や資料は良質の教育を積み重ねる肥やしになっている。

サムスン電子は、職級と職責に応じてそれぞれ理想的なリーダー像を定めている。例えば役員は企業家であり、グループ長（部長クラス）は革新をリードする。担当幹部は業務の専門家といった具合だ。そして教育もその育成に全力を注いでいる。役員は１つのビジネス領域に責任をもてる実力をもたなければならない。また、グループ長は担当する組織を最高の競争力と生命力を兼ね備えた組織として引っ張っていかねばならない。そして幹部は自分の分野でだけは最高の実力を備えた専門家とならねばならない。

5　核心的リーダーを育てよ

サムスン・リーダーシップ・センターのすべての教育課程は、必ず最高経営責任者（CEO）を講師として招請する。CEOの哲学を共有し、虚心坦懐に心を開いて話し合うのである。これは、他社の教育とは格段に違うサムスンだけの独特なやり方だ。

実際のところ、CEOの仕事はあまりに忙しく、すべての教育課程に参加するのは不可能に近いと言わざるを得ない。しかし、サムスンのCEOは教育の重要性をあまりによく知っているので、いくら忙しくても、無理をしてでも時間をつくり出し、教育に参加している。これは、サムスンが人材経営をどれほど重視し、実践しているかをはっきりと見せてくれる。それはCEOの人材育成に対する強い意志の表明であり、積極的な実践なのである。

事業のリーダーを養成するサムスンの超一流教育

①価値の共有（リーダーシップと経営イシュー）

サムスンでの各教育課程には「CEOが関心をもたない教育はするな」という原則がある。これはあまりに極論ではないかと言う人もいるだろう。しかし、CEOが関心をもつのは会社の戦略と直結した分野なのだから、きわめて当然のことだ。また一方では経営陣の関心を教育へと向ける副次効果をもたらす。さらに、これによって教育への参加と没頭の度合いを高めるなどの効果も上がる。

リーダーシップの能力開発は階層別に、新入社員のためのロールプレイヤー・コース（役割演出者コース）、担当幹部のためのＳＬＣ（セルフリーダー・コース）、グループ長のためのＴＬＣ（チームリーダー・コース）、役員のためのＢＬＣ（ビジネスリーダー・コース）に分け、経営の懸案についての重要イシュー（問題関心）の共有と各階層に必要なリーダーシップ教育をともに実施する。

役員を対象として実施するＢＬＣ教育課程は、徹底して経営戦略と連携している。まず、ＢＬＣ教育課程は経営環境の変化に対応して特別に組み立てられた課程として運営される。これは、ＢＬＣ１から始まり、ＢＬＣ２、ＢＬＣ３、ＢＬＣ４などのシリーズからなっている。

BLC1教育——BLC1教育課程は1998年、IMF危機の最中に始められた。この危機の衝撃による会社の現状を正確に認識し、それを克服するために会社の戦略を全役員が共有するのが目的だった。この課程は、会社のエネルギーを一つの方向へと結集するため、CEO特講とともに会社の危機克服と革新の戦略を共有し、先進企業をベンチマーキングした事例研究を通じて解決するように構成された。

BLC2教育——経営環境が好転した1999年の下半期からはBLC2教育課程が始まった。この機会に一等文化（一流企業の社風）をきちんと構築してみようというのが目的だった。BLC2はまず、サムスン電子の全役員が自分の受けもった分野で最高になれば、そのベクトルの合計がサムスン電子の力であり、真の姿だと考える。それで、各分野別に韓国で最高の専門家を7人招請し、彼らが最高にたどり着くまでの過程を役員らがベンチマーキングした。役員にとっては、いくつかの分野の専門家から様ざまな基礎知識を得ることができるという副次効果もあった。

BLC3教育——2001年、BLC3教育課程が始まった。事業領域別にサムスン電子の将来像を描いてみることにより、各自が受けもつ分野でいかなる役割をすべきかと真摯に考える課程である。具体的には「サムスン電子の事業領域である家電、モバイル、オフィス環境は２０１０年にはいかなる姿になっているか」というテーマを外部の専門家に依頼し、これに応じて彼らが２０１０年の将来像を領域別に予測し、想像してもらうというものだった。その将来像にしたがって、サムスンではいかなる領域で経営資源を結集させるのか、役員たちが何をどう準備するのかの戦略方向を設定していった。

ＢＬＣ４教育――２００３年には「２００６年、サムスン電子の経営目標を達成するために克服しなければならない課題」を選定し、これを教育の中核的な要素として構成した。デジタルコンバージョン製品（デジタルテレビなど、デジタル技術を介した放送・通信の融合機器）の成功、グローバル戦略と中国戦略の成功、そしてこれら全体を一つにまとめ上げる戦略経営がＢＬＣ４教育の要である。サムスン電子の中期戦略を達成するためには、これらすべての要素を必ず成功させねばならず、それができなければ目標達成は不可能である。これがＢＬＣ４教育の趣旨だった。

ＢＬＣ５教育――２００４年は、サムスン電子の創業以来最高の業績を達成した年だった。

「一流企業のなかでも超一流の企業として挑戦するために役員たちに必要な教育とは何だろうか」。この苦悩からＢＬＣ５教育が生まれた。周辺の環境条件によって怠惰に陥ることにもなりかねない状況であり、超一流精神の武装と超一流組織の管理を主な教育内容として構成された。

またＴＬＣ（チームリーダー・コース）教育とＳＬＣ（セルフリーダー・コース）教育も、ＢＬＣ課程とまったく同じ趣旨でカリキュラムがつくられ、ＢＬＣ課程より一歩踏み込んで運営された。

②次世代リーダー養成課程

サムスン電子の未来を牽引していく次世代のリーダーを養成するために、最も重要な人材を対象とする補職幹部養成教育（サムスン・マネージャー・アカデミー、以下ＳＭＡ）という中核的な人材教育がある（補職とは平時にはいないが、臨時に特別な問題を解決するために置く役職）。これは部長級と課長級をそれぞれ対象とする。ＳＭＡ課程は１９９９年から実施され、毎年上半期に20名、下半期に20名を養成している。教育課程は前半は4週の合宿教育、後半は3か月後に1泊2日の教育からなっている。

前半の教育は自己管理（1週目）、業務管理（2週目）、組織管理（3週目）、評価および現場適用（4週目）からなっている。特筆すべきは、教育のインパクトを与えるため、初日に漢《ハン》江《ガン》渡河訓練で決心を固め、研修院に入るようにしていることだ。

後半の教育は前半終了後にチームと個人に与えられた課題を解決し、これを共有する場だ。具体的には前半の教育で学んだ内容を現場でどのように適用するのか、互いの意見に耳を傾け、分析、評価し、自らの糧とする。

③グローバルな実力の強化

サムスン電子のリーダーシップ開発センターは、国内の事業所中心の教育とともに、海外のマンパワー（駐在員および現地人）を対象に、グローバルな経営環境に合った教育を行っている。海外駐在員の職務とリーダーシップ力の強化のためのグローバルエキスパート課程を、コンピュータネットワークとそれ以外のルートを連係させながら（オン・オフライン連携）実施しており、海外の事業長・幹部を対象に、サムスンの価値共有教育と現地にふさわしいリーダーシップ教育を支援している。

④職能専門家養成課程

一スタッフとして役割を果たす職務能力の強化のための教育も実施している。これには、企画担当幹部のための企画専門課程、財務担当幹部のための財務専門課程、そして人事担当幹部のための人事専門課程がある。

入社後、現場で10年くらい実務に習熟した課長級の人材を対象に、各課長別に4週間分の合宿教育を行っており、現場の経験を基礎にして自分の業務に対する理論的なバックグラウンドの知識をきちんと整理して組み立て、論理だったものにする。ここにこの教育の目的がある。

⑤リーダーシップの能力をテーマとする課程

一般幹部のリーダーシップの実力強化のためには、各力量別のリーダーシップ、テーマ課程（グローバル＝Global、敏感対応＝Responsive、エキスパート＝Expert、実績＝Achieve、チーム＝Team、倫理＝Ethical、弾力性・回復力＝Resilient。以上の頭文字をとってGREATERと言う）を開発し、未熟なリーダーシップ能力を補うようにしている。この他、コミュニケーションスキル、対人管理（対人関係の調整）、問題解決、コーチング課程などを自ら解決し、必要に応じて教育を施す。

たえずリーダーシップについて研究する

①リーダーシップトレンド調査

実際に能力開発を行うばかりでなく、リーダーシップ分野の研究も活発に進められている。最近の環境の変化にともなうリーダーシップ研究課題の開発、先進の一流企業のリーダーシップのベンチマーキングをたえず行っている。そして海外のリーダーシップコンファレンス（学会）に参加し、最近のリーダーシップの動向とイシューについての研究をたゆみなく推進している。

②役職員の意識、能力、組織文化の診断

こうしたリーダートレンド調査とともに、リーダーシップ教育の根幹にかかわる様ざまな役職員を対象に調査を実施している。２００４年から毎年役員や社員を定期的に意識調査し、その結果を関連部署に提供している。これにより、いろいろな役職員の考えをそれぞれの教育プログラムに反映しているのである。

また、２００５年からは意識調査とともにGREATERリーダーシップ能力診断、組織文化診断など、個人、組織、文化の各分野について体系的に調査、分析を行っている。これをまとめ、サムスン電子リーダーシップの年次報告書（Annual Report）が発行されている。

6　サムスンの底力は「地域専門家制度」にある

他に例を見ない独自の専門家育成制度

「サムスンの成功の秘訣は、10年後を見越し、社員１人当たり数億ウォンを投じる地域専門家制度だ」

こう喝破したのは、米国ＧＥの象徴と呼ばれるジャック・ウェルチ・リーダーシップ開発センター（前クロトンビル経営開発研究所）の長であるボブ・コーコラン氏だ。２００4年5月、韓国を訪れた彼の目的は他でもなく、世界から注目されているサムスンの人材経営の実情を探ることだった。彼はサムスン人力開発院を訪問し、人材経営についての総合的な説明を受け、サムスンの成功の秘訣はひとことで言って「地域専門家制度」だと強調した。

韓国内外から大々的に注目されているこの制度は、「その国の基準で人材を育てよう！」と宣言した李健熙会長の福岡発言をきっかけに、国際化戦略の観点から始められた。

地域専門家制度は、１９９０年からサムスンが全世界の主要国に専門家を派遣して始めた制度である。サムスン独自の人材育成方法の一つだ。当初は誰もがこの制度をいぶかったものだ。「地域専門家」は入社3年以上の未婚の独身者のうち、勤務成績が優秀で、国際化マインドをもつ者を選び抜き、海外に派遣する。一種の自由放任型の海外研修制度である。

見かけ上は普通の海外研修であり、しっかりと計画された旅行と変わりない。しかし、いったん派遣されると1年間は帰国が許されないようになっている。そして現地の大学の短期プログラムに参加したり、勉強したり、まったく自由に活動してその国の文化や地域の特性を身をもって体験して肌で感じながら、ヒューマンネットワーク（人脈）をつくっていく。これが地域専門家の任務だ。

地域専門家は決められた期間、直接その環境でもまれる。そうして体得したことを、会社が支給したノートパソコンとデジカメで自由な形でリアルタイムで会社に報告する。そうしているうちに、彼は自ずからその地域の専門家となる。これがこの制度の基本的な戦略だ。

とは言っても、独身者を1年も海外に送っていると、現地の異性と交際したりして国際結婚でもしたらどうするのか。こうした結婚もとくに問題にはしていない。だからと言って、サムスンが派遣された地域専門家に国際結婚を勧めているというわけではない。

サムスンの情報力はＦＢＩレベル

地域専門家制度に投資される費用は大変な額だ。サムスンマンとしての基本的な品位を維持するために、一定規模以上の住居生活をせねばならないという生活指針も用意されている。あれこれの事情で、地域専門家1名について1年間に投資される額はほぼ1億ウォン（８００万円ほど）前後になる。サムスンはこの制度を通じて14年間に60か国以上、７００以上の都市に２８００人以上の社員を送ってきた。つまり合計３０００億ウォン（２４０億円ほど）以上がかかったわけだ。驚くべき経費である。

この制度については賛否両論が絶えなかった。コストに見合った効果があるのかわからないと言う者もいたし、無駄なところに大変な金を使っているという批判も多かった。しかしサムスンは、地域専門家制度をけっして無用なこととは考えなかった。飲んで遊ぶ無駄な経費とは考えないのだ。かえって未来のための戦略的で確実な投資と考える。この考えは、現在もなおいささかも変わっていない。

実際、これまで地域専門家たちはその活動を通じて世界の生きた資料をサムスンにもたらした。これらの資料は何と8万件をはるかに超える。60か国以上、７００以上の都市の生き生きとした情報と、人びとの息づかいと温《ぬく》もりのある路地裏まで窺《うかが》える写真資料も11万点以上にのぼる。

これらすべての資料は体系的にデータベース化されており、誰でも気軽に活用できるようになっている。

それればかりでなく、様ざまな階層の人びととともに積み重ねた強靭なヒューマンネットワークは、地域専門家たちが韓国へ帰ってからも引き続き営まれる。

こうしたことから、サムスンの情報インフラは米国ＦＢＩの水準とまで言われるほど膨大でしっかりしている。こうした情報インフラを基礎とした戦略的な先行投資と攻撃的なマーケティングは、サムスンの恐るべき戦略として全世界から注目されているのだ。

とくに、新興諸国の家電市場攻略は、地域専門家たちがすでに構築しておいた地域のインフラとヒューマンネットワークを基礎にして足場が築かれたのだ。他社が考えも及ばないときに、先んじて進出して市場を完全に占め、サムスンの旗印を高く掲げるのは代表的な成功例と言える。

この間、戦略的に投資していた地域専門家たちのパワーが徐々にではあるが、到るところで発揮されている。「サムスンの底力は地域専門家の力から出てくる」という主張が強くアピールされているのも、けっして故なしとはしない。

サムスンマンが最も好む制度

サムスンでは社員たちの能力開発のためのいくつかの戦略的なプログラムがある。そのうち最も人気のあるプログラムは、地域専門家に選抜されて自分の行きたい国に1年間派遣される制度だ。1年間外国生活をしながら国際人になるのも意味あることだが、一度地域専門家として外国に出て帰ってくれば、後にその国の駐在員として現地に再び派遣される可能性が高いという利点がある。

このように、社員たちの羨望の的になっている人気の高い制度だから、当然のことながら競争も激しい。それだけに、優秀な人材が選ばれて派遣されるというわけだ。

すでに述べたように、地域専門家制度は、当初はもっぱら入社3年以上の独身者から選んで派遣していた。しかし、ある程度時間がたち、成功したケースやプラスのフィードバックがもたらされるようになってきたため、制度の拡大発展を目指し、既婚者にも派遣の機会を与えるようになった。また管理者たちにも機会が与えられるなど、戦略的な観点から柔軟に運営されるようになっている。

7　成果に対する褒賞が確実

成果のあるところに褒賞あり

サムスンの褒賞制度はひとことで言って「**成果のあるところに褒賞あり**」ということだ。サムスンは成果にともなう褒賞を徹底して行うばかりでなく、その内容も破格だ。人事制度の内部に詳しく立ち入ってみると、個人別の褒賞と組織レベルの褒賞制度が確実に用意されており、しかもこれらのバランスがとれているという点で、他企業と一線を画している。

サムスンは伝統的な年功制にともなう褒賞体系をいち早く捨て去り、個人別の力量と成果による褒賞体系を運営している。また、何よりも市場価値を考慮した職群別の差別化戦略と、業界で他社に差をつける優位戦略をしっかりと追求している（職群は職務内容やポストの重要性によって社員をいくつかの大きなグループに分ける制度で、年功序列による資格制度に対立する。１１８ページ参照）。

①特別賞与金――不定期で、文字通り特別な賞与金である。会社の特別な成果があるとき、社員たちを激励し、苦労をねぎらう意味から支給される特別ボーナスだ。このため、特別賞与金が出ると、社員の士気は最高潮に達する。

サムスン電子は２００４年末、基本給の２００～５００％の特別賞与金を支給し、周囲を驚かせたことがある。いくら特別な褒賞と言っても、その支給の規模と額があまりに破格なので、もらう人も少なからず驚いた。

②生産性奨励金――生産性奨励金（PI：Productivity Incentivity）は純粋に文字通り生産性の向上を督励するために社員たちに支給する激励金である。1年に2回支給しているが、通常、上・下半期に分けて支給される（普通1月と7月に支給）。その額は個人別の基本給の

50～150％であり、サムスングループの系列各社の実績を評価した後、その実績によって、ABCのランクを定め、そのランク別に支給比率が決められる。

Aは基本給の150％、Bは100％、Cは50％がそれぞれ支給される。実績のよい会社は当然Aと判定され、上・下半期を合わせると最大のインセンティブがもらえる。

ところで、会社がAをもらったからと言って全社員が最大のインセンティブをもらうわけにはいかない。さらに事業部ごとに成果を計算し直し、それに見合ったインセンティブの差額を与える。だからインセンティブを得るには、事業部の実績がよくなければならない。このように、サムスンは徹底した成果主義の体系的PIシステムで相乗効果を拡大している。

③利益分配金──利益分配金（PS：Profit Sharing）と呼ばれるPS制度は、経営成果を通じて出た利益を株主ばかりでなく、従業員たちにも分配するために2000年に導入された褒賞制度である。これは、すでにサムスンが支給してきたPI制度とはまったく異なる新しい概念の制度である。

利益分配金支給の基本規則は、経済的付加価値（EVA：税引後営業利益から基本費用を差し引いたもの）を基準に、目標超過分の20％の範囲内で差をつけて支給するようになっている。まず、この1年間の経営実績を評価した後、経営計画上、当初の目標以上の利益を達成した場合に支給し、超過分の20％を役員や社員らに分配する。もちろん、無制限に与えるものではなく、50％が上限とされている。

新入社員とは信じられない大変な額の年俸

ＰＳ制度の導入以後、サムスンは毎年史上最高の実績を誇りながら走り続けている。こうした大成功の裏には、経営環境の革新もあるが、ＰＳという破格のインセンティブ制度が大きな役割を果たしている。

ＰＳはサムスンマンたちに並外れた献身と挑戦者精神を呼び起こし、上司がネジを巻かなくても自分から進んで仕事にエネルギーを注ぐようにする。いわば自家発電できるほど、動機づけに最高の働きをしているのだ。このことは、実際にサムスン電子に入社し、会社を動かしている新入社員の２００４年の年俸を分析してみれば、十分に納得されるだろう。

サムスン電子の新入社員・Aの契約年俸は2300万ウォン（184万円ほど）だ。韓国の最近の新入社員の年俸が3000万ウォン（240万円ほど）を超えるところが多いのに比べれば、トップクラスの年俸とは言えない。ところが、Aが実際に1年に受け取った総年収を詳しく見てみると、驚かざるを得ない。月々の基本給与が100万ウォン（8万円ほど）、特別賞与が500万ウォン（基本給の500％）、PIが300万ウォン（基本給の300％）、PSが920万ウォン（年俸の40％）となり、これを合計して計算した総受領額は4020万ウォン（320万円ほど）にもなる。並の会社の課長か次長クラスの年収に見合う額だ。

幹部級の年俸も驚くべき額だ。現場でエンジニアとして働いているB（部長級）の2004年度の契約年俸は他の大企業の部長クラスの年俸と比べると、それほど多くも少なくもない。ところが、Bが一昨年にもらった各種の成果給インセンティブを合算してみると、1年に受け取った総額は1億2000万ウォン（960万円）ほどだった。部長の年俸がかなりの企業の役員クラスの年俸よりも多く、それどころか中小企業の社長よりも多いのだ。まったく驚かざるを得ない。

サムスンは成果に対する褒賞が本当に確実である。このように破格の褒賞を前にして身を惜しむ者がどこにいるだろうか。

金はたくさんもらうが、彼らも疲れている

サムスンマンたちの大変な成果給の裏には、余人の知り得ない、彼らだけの特別な悩みがたくさん秘められている。何よりも、内外の熾烈な競争で生き残るための自分との戦いが常に切実である。自分自身の価値を高め、実力を向上させるために、たえざる挑戦が続けられている。

サムスンの人材づくりは、多くの場合、教育部署のシステムによってではなく、社員たちが自ら動機づけ、自発的に進める自分づくりから始められているのである。革新的なマインドと目標に向かうたゆみない挑戦の精神、そして自分を惜しみなく燃焼させる情熱がまさしく生産性の増大へと結びついている。この事実に注目しなければならない。

8　サムスンだけがつくれる特別な組織、超一流の人材

組織力で動くサムスン

サムスンの組織力は大変なものだ。サムスンではすべてが組織で動く。だからサムスンの力は強いのだ。組織のサムスンと言われるゆえんでもある。サムスンは中心となる人材が1人2人抜けても、組織は揺らぐことなく、それまでと同じようにうまく回っていく。それがまさしくサムスンの力なのだ。そして組織生活の断面を覗いてみても、隙はなかなか見出せない。

サムスンではあらゆる面で先輩後輩の上下関係が厳しい。これに代表されるように、上下関係は、もしかすると軍隊組織よりも厳格だと言っても過言ではない。

サムスンマンたちはたいていの面で柔軟だが、出社時間だけは厳格なほど守る。前日徹夜のときでも、翌日の出勤と朝の会議には何ごともなかったかのようにきちんと出席する。実際、前夜に会食や仕事の流れで夜遅くまで酒を飲んで朝帰りになったときでも、朝の出社時間はち

ゃんと守る。これがサムスンマンの流儀である。

勤務強度も他の会社と比べると驚くほどきついので、サムスンにキャリアとして入社した友人たちは、サムスンの勤務強度とサムスンマンの働く姿勢に舌を巻くほどだ。

サムスンはすべての仕事を進めるのに秩序があり、体系的で、戦略的なマインドで行う。だから「大体目的の近くまで来たよ。何、大丈夫！」などというのは通じない。そして礼儀、挨拶、服装、態度など、あらゆる面で何ごともきちんとしていて見栄えがよいことを目指す。だからかも知れないが、人事管理の様ざまな規定が明快である。しかし、それだけに実際の適用も容易ではない。

サムスンの人事はたっぷり時間をかけてなされる。人事で激励し、称賛する肯定的な面が見えてきたら、それは限りなくやわらかくて暖かい。だが、刃を振るうときは、その寒風は台風よりも強く厳しい。情の類などは爪の垢ほどもなく、冷徹な限りだ。

しかし、サムスンの組織がいくら強力で、体系的かつシステム的で、一分の隙もなく、揺るぎないものと言っても、まったく融通がきかないということではない。奇抜な発想で革新的な組織を運営する柔軟性も十分にあるのだ。

10名の精鋭メンバーのタイムマシン・チーム

サムスングループは、系列社別に必要な部署でタイムマシン・チームを運営している。サムスン電子のタイムマシン・チームは、所属部署もなく、出退社も自由な10人ほどの人員が特別なチームで各自が望むテーマを研究し、結果を社長に直接報告する。

タイムマシン・チームは、10名の若い社員で構成されている。その目的は、新製品や新しい市場の開拓のためのアイデアづくりだ。このチームは出退社が自由で、目標と活動計画も自分で管理する。

予算も独自に立てて執行する。また、チームのメンバーには社長とまったく同じ社内情報が与えられ、1年間アイデアが出せなくても、昇進時にはかえって加算点をくれるなど、積極的な動機づけを試みている。

タイムマシン・チームは、新しいアイテム（品目）を開発する部署に多くのアイデアを集めて革新的な商品をつくりだし、新製品として市場に送り出すのに寄与している。タイムマシン・チームが考え出したアイデアは、技術的に実現できるか、事業としてやっていけるかなどをめぐって検討される。

注目すべき成果は、ハングルソフト「天地《チョンジ》人《イン》」を開発して特許権を出願したことだ。「天地人」とは、1994年に開発し、1998年にサムスン電子が特許を取得して常用化したハングル入力方式である。これは、すべてのハングルの母音を天（・）、地（ー）、人（｜）のキーだけで入力できるようにしたものだ。

会社はいかなることにも干渉しない限界挑戦チーム

1993年、サムスンSDS（サムスンのITプロバイダー企業）内に特殊部隊が生まれた。限界挑戦チームという名の特別な組織である。管理のサムスン、組織力のサムスンと呼ばれたサムスンでは、限界挑戦チームは破格の組織だった。

限界挑戦チームは、1年間誰からもいかなる任務、いかなる干渉も受けないよう保障され、ただ自由奔放にやりたいことを心ゆくまでやりながら、アイデアを出すことができる。もちろん、十分に身分保障され、何ら結果が出なくても、人事上の不利益はまったくない。

第1期として5名が選ばれて活動を始めたが、独特な個性に輝く錚々《そうそう》たる人物が一丸となり、与えられた期間、思う存分にソフトの開発に専念した。

インターネット教育サイトのコムリビン・ドット・コムの柳七洙《ユチルス》社長、韓国内のメジャーインターネット、ポータルサイトのネイバーと、最高のゲームサイト・ハンゲームの司令塔である李海珍《イヘジン》社長が限界挑戦チームに選ばれた中心的な人たちだ。

最高のデザインを経営するCNBチーム

「サムスン電子を今日のように築きあげたのは李健熙社長のデザイン哲学である。サムスン電子のCNB（Creating New Business）チームは秘密兵器になるだろう」

最近、アメリカのIT専門誌『ワイアード』がサムスン電子の成功の秘訣についてこのように紹介している。とくに、サムスンのCNBチームを挙げ、サムスンの秘密兵器だと言って世界の耳目を集めたのだ。

サムスン電子のデザイン組織は、これまでベールに隠されていたが、最近グローバルな人材発掘に対し、強い意思表示とデザイン革命を主張し始め、李会長の行動様式《ビヘイビア》のせいで、これに対しての懸念がさらに増幅されている。

サムスン電子は、それぞれの部門別にタテ割りに分かれていたデザイン組織を、より戦略的で効率的な組織運営体制によって強化するために、2001年にデザイン経営センターを設立して各組織を包括的に一元化し、現在約500名にのぼるデザインの人材を送り出している。

サムスン電子のデザイン組織には、まず代表理事直属のデザイン経営センターがあり、その他にデザイン戦略チーム、デザイン研究所がある。デザイン戦略チームにはグローバルサムスン・グループなどが所属している。このグローバルサムスン・グループは全体的なデザイン戦略企画と広報などの役割を受けもっている。

デザイン研究所は韓国内ばかりではなく、すでにアメリカ（ロサンゼルス、サンフランシスコ）、日本（東京）、イギリス（ロンドン）、中国（上海）など5か所に外国デザインセンターを設けている。さらに、2005年4月には、世界のデザインの中心というべきイタリアのミラノにサムスンデザイン・ミラノ研究所（SDM）を開設し、いち早くデザインのアップグレード戦略を推進している。

ところで際立っているのは、これら6か所の海外デザイン研究所とは別に、デザイン研究所の傘下にＣＮＢグループ、ＴＣＤ（Total Communication Design）グループ、ＵＤＳ（User-Driven Sensing）グループが布陣していることだ。とくに、ＣＮＢグループにはデザインの分野で世界最高のパワーを備えたドクタークラスの中心的人材20余名が、社会・技術的なトレンドを予測し、新しいモデルを開発している。これらの3つのグループは、消費者の要求と、これにともなうデザイン開発、ユーザーインターフェイスデザイン、グラフィックデザイン、新素材研究、感性デザイン研究などを担当している。彼らこそ新デザインの秘密兵器なのである。

ワールドプレミアム製品の根幹はデザインである

李会長がデザインの重要性を強調し始めたのは１９９６年からだ。

李会長はその年の新年の辞で「21世紀の企業経営はデザインのようなソフト競争力の最大の

勝負どころだ」と言って「デザイン経営」を宣言した。それまでに、サムスンはデザイン競争力を強化し、多くの製品がすでに世界一流となっていたが、李会長はワールドプレミアム・ブランドにのし上がるために、新しい挑戦と意識の転換が必要な時期だと判断したのである。その実践として、サムスンはデザインのメッカであるイタリアのミラノにデザイン研究所を設け、サムスンのデザイン革命を宣言するため、デザイン経営戦略会議を開き、４大デザイン戦略を打ち出した。

●ミラノ４大デザイン戦略

①誰が見てもサムスンの製品であるのがわかる独創的なデザイン、UIアイデンティティの構想
②トレンド（流行の流れ）をリードするデザインの優秀な人材の確立
③確立した人材の能力発揮のための創造的で自由な組織文化づくり
④金型技術インフラの強化

李会長は会議で、最高経営陣から現場の社員に至るまでデザインの意味と重要性を改めて再認識し、世界一流となってサムスン製品を名品につくり上げることを強調した。そして、ワールドプレミアム製品になるためにはデザイン、ブランドなどのソフト競争力を強化し、機能と技術はもちろんのこと、サムスン自身の伝統の壁さえもすべて越えねばならないと力説した。

李会長は、「エニコール（携帯電話）は水準に達していると思う。だが、それ以外は、まだ一・五流にすぎない」「デザインとはただ格好ばかりの形にとどまらず、サムスンマンの魂を込めねばならない」とたえず注文する。

サムスンのミラノでの行事は、1993年のフランクフルトでの新経営宣言（フランクフルト宣言）に次ぐ意味と重みがある。「奥さんとお子さん以外は全部入れ替えよう」という新経営宣言を通じ、サムスンは世界一流の企業へと変身した。これと同じように、「ミラノデザイン宣言」はサムスンのもう一つの変身戦略と言える。

2006年のサムスン電子改編の内容を詳しくみると、代表理事直属の「デザイン委員会」という組織が目立つところに置かれているのがわかる。

サムスンの超特級人材・未来戦略チーム

最近になって韓国はもちろん、世界的に注目されているサムスンマンの特別な組織がある。それは他でもない、サムスン未来戦略チームだ。これはいわば先陣を切る特攻隊組織だ。サムスン未来戦略チームという名は、公式の組織名ではない。正式名は未来戦略グループである。未来戦略グループは、１９９７年7月に李健煕会長の特別の指示で設けられた。これは世界のいかなる企業にもない独特なものだ。

未来戦略グループは、組織上は本社人事チームの下に置かれている。サムスン電子本社には、代表理事のスタッフとして経営支援の統括者がおり、その傘下に人事チームがある。そして、その下に未来戦略グループが布陣しているのだ。これはサムスン本館18階に置かれている。

現在の人員は36名で、このうち外国人が21名にものぼる。その全員がハーバード、ウォートン、ストーン、ＩＮＳＥＡＤなど世界トップ10のＭＢＡ（経営大学院）を卒業した最高の人材だ。大半が外国人という点でさらに独特な組織だと言えよう。年齢も20代後半から30代初めで、サムスンの未来を双肩に担う若き「シンクタンク」の役割を果たしている。

「急変するグローバル事業の環境に適応するには、新鮮な感覚と優秀な力量を備えた外国人が絶対に必要だ」

「優秀な外国の人材を2～3年間中心的なポストに置き、グループの事業文化を伝授した後に、海外事業に責任をもたせる国際管理者として育成しなければならない」

李会長のこのような意志に従ってつくられた未来戦略グループは、これまではグループ全体の未来戦略を打ち立てる業務と、グループの系列会社が要請する機密プロジェクトはもちろん、世界化（国際化）戦略に必要な特別プロジェクトを進めている。

未来戦略グループのメンバーには、最上級の人材にふさわしい最高の待遇を保障している。具体的には、年俸や成果給以外にも各種の福祉手当が与えられている。とくに、超特級人材には、最高の誇りをもって挑戦し、達成感を味わい、仕事において成長するように惜しみなく支援した。

未来戦略グループは間違いなく「人材第一主義」と「グローバル経営」というサムスンのキャッチフレーズを実践する最精鋭の戦略組織なのだ。

9　サムスンはこうして人材を引き寄せる

核心的事業には核心的人材が必要である

「優れた中心的人材を出せ！　グループの核心的事業を進める新しい事業場に派遣する。文句なしにだ。優秀な人材を集めよ」

サムスンで半導体事業を本格的に開始すると決断した80年代初め、サムスンの系列各社に非常事態が宣言された。秘書室の人事チームから各分野別にトップクラスの人材を新規事業へ送れという人事命令が下されたのである。

これまでの慣例からすると、どんな事業であれ、新規の事業場へ送る人力をひねり出すときは、ただその場しのぎに適当な人を送ればよかった。実のところ、新規事業というものは業種を問わず、苦労することが初めからわかっていたからだ。それなりに現在の状況や立場にとくに問題がない限り、社員が異動をいやがるのはあまりにも当然だった。

系列会社へ出向すると、それまでと異なる個人的な不利益もこうむることになる。形式的には、これまで勤めていた会社そのものを移ることになるので、退社届けを出さなければならない。そうすると結局、退職金に不利益が生じるのである。また、サムスンで出世しようとすれば、人事考課を高く評価してもらわねばならないが、部署や業務を変えたり、新規事業へと異動すると、たいていの場合、適応期間を要する。新しい上司との信頼関係を築かなければならないし、限られた時間であれこれの成果を出すことはけっしてたやすくない。したがって、現実的にその仕事の結果を評価してもらうのがなかなか難しい。

いくらグループが半導体事業を中核の事業として戦略的に後押ししていても、気軽に立ち上げるのは難しい状況だった。技術面でも、人材面でも、そして周辺のインフラなどに至るまで「不毛地帯」と言ってよい。誰もが先行きが疑わしいと思っていたので、なおのこと雰囲気がよくなかった。ある方面では、サムスン半導体通信の半導体新規事業部へ移るのを、まるで強制収容所にでも引っ張られていくかのように噂したものだ。

しかし、半導体事業部はすでにソウル郊外にある富川《プチヨン》事業所を中心に本格的に動き出していた。ここはサムスン電子内部でも冷や飯食いの身の上と変わりない赤字の事業部なのに、半導体産業の特性上、現場の生産ラインが３６５日フル稼働しなければならない。これも大きな負担だった。

そうしたときに、分野別に最高に優れた中心的な人材を任命するのは、常識的に難しいと言わざるを得ない。

にもかかわらず、各社から多くの優秀な人材が任命され、半導体へと集められたのである。そのなかには各社の役員クラスもいたし、各クラスの幹部たちが随所に配置されていた。人事ファイルを検討してみると、各分野の最高の専門家たちだったし、人事考課も最高レベルで、それこそ優秀な者ばかりだった。

ここに至るまで、秘書室人事チームを通じ、当時の李秉喆会長の新規事業への強い意志が貫かれた。またグループの立場と今後の半導体事業の展望などについて、何度も教育をしてきたし、いくつかのビジョンを提示しながら動機づけを施してきた。そうしたこともあり、集められた者たちは誰もがひとつやってみようという闘志でみなぎっていた。噂に違わぬ会長秘書人事チームの強力なパワーを身をもって実感した瞬間だった。

社内公募制で人材選抜

グループで自動車事業を始めるときも同じだった。1994年度に、サムスンが久しく念願としていた自動車産業への進出が軌道に乗ると、秘書室人事チームが動き始めた。グループの各社に人材を任命せよという命令が下されたのである。やはり優秀な人材の任命だったので、グループ全体が揺れ動いた。とくにサムスン電子の場合は任命する人材の規模が思うにまかせなかったので、よけいそうだった。

当時、私はサムスン電子の人事チームを担当しており、この人事命令をどう処理したらいいものか悩んでいた。それで結局、分野別に適正な人員規模をはじき出し、社内公募することにした。自動車の新規事業の問題は、当初は半導体事業を始めるときとはまったく状況が違っていたので、実際にグループの自動車事業についての興味をもつ人びとも少なくないだろうと考えたからだ。

社内公募制で、原則としたのは絶対秘密に処理することだった。これにより、応募資格の要件を満たす希望者は誰でも横槍が入ることなく、上司の決済なしに志願できた。

ところが一方で、人事チームが各部署との事前の話し合いなく公募制を実施するというので、彼らは慌てふためいた。彼らは、自動車も重要だが、我がサムスン電子が担う半導体の方が重要ではないかと訴えた。この反論はなかなかのものだった。しかし実のところ、部署長の大きな悩みとなったのは、優秀な人材が大挙して志願した場合、ふだんの自分たちの組織管理やリーダーシップへの評価が変わってくるのではないかということだった。

このように一部、難しいところもあったが、とにかく社内公募は順調に進められ、成功裡に優秀な人材を大挙して自動車事業へ送り出すことができた。

サムスンの精神は徹底して共有

サムスングループは系列会社ごとにそれにふさわしい社風をもっている。それは各社の特性と、会社の歴史と伝統などによって少しずつ異なる。だが、すべての系列会社がサムスン精神とその経営理念に立つ共同体の文化を誇る。これはサムスンのしっかりとした人事システムと人材育成システムがうまく働いているからだ。

　変化と革新の新経営の旋風が巻き起こったときもそうだった。また時代の流れによる労使の激動期においても、サムスンの人事はさらに真価を発揮していた。サムスンでは人間を尊重する文化、人材に対する惜しみない投資、人材経営のための哲学が一つに溶け合わされており、同じ型にはまった系列が動くのだ。

　だから、グループの各社間のインフラの共有とビジネスの協力関係は血縁よりも濃厚なものとならざるを得ない。そして万一何らかの間違いを目にしたら、秘書室が絶対に黙って見ていない。

　系列各社が同じ分野のビジネスで善意の競争をすることも、いくらでもある。さらに同じ社内でも事業部間で競争をする。これが、成果主義の責任経営体制をとる事業部制の特徴である。にもかかわらず、各社が互いに協力し、助け合う体制はけっして変わらない。

　サムスングループは様ざまな業種で足場を築いており、系列各社はすべての業種でかなりの規模で頭角を現している。このため、グループの相乗効果がさらにはっきりと現れる。とくにサムスンのすべての系列会社を一つに結びつけ、共同体の意識をもたせ、グループのすべてをただ一つの情報インフラ網でつなげている社内イントラネットは、信じがたいほどダイナミックですばらしい。

グループのネットワークを通じたリアルタイムの交流はサムスンファミリーの神経網に他ならず、常に生きて動いている。人材についての基本的な情報の共有はもちろん、ヒューマンネットワークのための人材交流も活発になされている。

ここには経営者として育てる核心的人材の経歴管理（職務経験の管理）と育成という戦略的な次元の配慮もかかわっているとみなければならない。基本的に、サムスンはグループの系列各社の間で意見や考えをやり取りしながら、シナジーを創出するために互いに有機的に協力し、支援を惜しまない。

10　サムスンは自らサムスンの技術人材をつくり出す

サムスン工科大学、社内大学で初の博士を出す

次に紹介するのは『韓国経済新聞』（２００４年2月24日）に掲載された記事だ。

社内大学としては初めてサムスン電子工科大学（総長・黄昌圭《ファンチャンギュ》サムスン電子半導体総括社長）が博士号を出した。

サムスン電子が運営しているサムスン電子工科大学は24日、京畿道龍仁《ヨンイン》の始興《シフン》半導体工場家族館で卒業式をもち、博士課程1名、修士課程23名、専門学士課程33名、計57名の卒業生に学位を授与した。

この日の授与式で、次世代半導体技術の核心となる分野の「システムとソフトウェア」を専攻したサムスン電子システムLSI事業部の姜正善《カンジヨンソン》責任研究員（38）が、サムスン工科大の博士第1号の栄誉を頂いた。延世《ヨンセ》大学の電子工学科を卒業した後、１９９２年にサムスン電子

に入社した姜正善研究員は業務現場ですぐに活用できる動画の圧縮と転送に関する「パイプライン構造のＭＰＥＧ４ビデオコーデックに関する研究」という論文を書き上げた。

姜研究員は４年の博士課程を３年で終え、卒業生として特別賞も受けている。姜研究員は「午前には講義を聞き、午後には業務をしようと努力したが、理論と実務を兼ね備えることができる機会だったので、楽しむ気持ちで勉強した」と述べた。

現場と理論を結合させるため、１９８９年に半導体の社内技術大学として設立された大学は１９９９年にサムスン半導体工科大学に拡大改編された後、２００２年に現在のサムスン電子工科大と名称を改めた。このたびの卒業で、サムスン電子工科大は都合５２６名の修士・博士、および専門学士を送り出した。

人材と技術を基礎にして…

サムスンの経営理念はこの言葉で始まる。李会長は片手には「人材養成」、もう片方の手には「技術重視」を掲げている。世界的な超優良企業としてそびえ立つサムスンが存在する限り、この理念は競争力の2つの大きな柱として働き続けるだろう。

人材養成と技術重視は口先だけの概念にとどまらず、現場に根を下ろしている。それを可能にする原動力は、サムスン人力開発院とサムスン総合技術院、そしてサムスン工科大学（SSIT）に求められる。

サムスンには優秀な大学の優秀な人材たちが大挙して集まっている。したがって人材の宝庫と言えるサムスンだが、それでもなおサムスンは技術の人材を求めてやまない。その熱意は他社とは格段の差がある。

サムスンに入社してくる新しい人材は、大学で理論を中心にした課程やシステムの下で教育を受けている。このため、入社してもすぐに現場に適応するのが難しい。大学で学んだことをすぐに実務で活用するのが難しいので、一から十まで新たに教えて訓練しなければならない。最初から再び教育するのにかかる教育費もさることながら、時間との競争がもっと大きい問題だと言わざるを得ない。

時代が進むほど熾烈になる競争のなかで、生き残るためには会社が必要とする基本的な知識と実務能力をきちんと備えた人材が必要だ。さらに、新しい技術を求めて一刻を争う先端技術分野の場合は、何よりも実務に明るく、その知識を応用して創造力を発揮できる適材適所の人材獲得が切実だった。

企業に大学を設立せよ

そのため、サムスンは早くから自力で社内大学をつくり、分野別に必要な教育課程を開発し、適材適所の人材を養成するため、本格的な作業に入った。

こうした問題に誰も関心をもたなかった1989年に、サムスンは「社内技術大学設立のための特別プロジェクト」を発足させた。当初は反対も少なくなかった。韓国では資格が第一で、卒業証書がものを言う。そんな韓国で、政府の教育人的資源部（文科省）の認可もない大学をいったい誰が認めてくれるのかという反論があった。これは十分に予想できる反論だった。しかし、あまりにも大きな抵抗だったために、大変な苦労をしたのを今も生々しく覚えている。

当時、研修課長だった私は、社内大学の設立のためのプロジェクトの企画と総責任を受けもっていた。まず最初に先進諸国の現況を調査し、ベンチマーキングのためによく出張に出たが、韓国以外の国でもとくによい事例がなかった。そのため、基本的に韓国の優秀な大学を訪ねながら、大学の基本的な枠組みをつくるための資料をもらって諮問を求めた。また、社内で博士号をとった人材を集めて熱を帯びた討論とブレインストーミング（自由な発想の意見交換）をしながら、アイデアを集め、カリキュラムをつくっていったものである。まだ発酵していないブドウ酒のように生半可な状態で出発したが、熱心に動き回って支持者たちを集め、援軍をつくっていくと、次第にいい方向へと完成されていった。

教育人的資源部の学位認定とは何ら関係がなかったが、サムスングループは（社内技術大学卒業生を）自ら開発した人事記録カードに正式に載せることで、公式に学位として認定した。これは社内では人事上、一般大学の学位と同等に取り扱われるということである。

さらに何よりも、現場で社内技術大学出身者たちの活躍が目立ってくると、この大学に対する評価が次第に高まっていった。そうして会社では、社内技術大学へのさらなる投資も惜しまなくなった。技術大学はいっそう内容のある教科科目と博士号をもつ優秀な社内教授たちの熱意により、さらに規模を大きくして運用されるようになった。

1998年に入ってから産学協力が時代の流れとなる一方、産業技術のマンパワーの不足が社会的な問題となり、世の中の雰囲気も大きく変わってきた。そこで、企業が自ら運営している社内技術大学を正式に認め、教育人的資源部からも学位を与えようとする方向へと意見がまとまっていった。

そして教育人的資源部では社内技術大学を正式の大学に昇格させる政策をとり、大学側と産業界から委員を選んで、何度か討議を重ね、意見を集約した。そして、公式に社内大学と技術大学の設立運営に関する法案をつくり、技術大学設立審査委員に委嘱したのである。その結果、サムスン電子の社内技術大学が公的に教育人的資源部の設立認可を受けた。これは、韓国の科学技術教育において歴史的にも画期的なプロジェクトだった。

一般大学より施設がよい社内大学

国家による公的な認可にともない、我われは基本的に技術大学の枠組みをもう一度組み直さなければならないと考え、それまで運営してきた技術大学の全面的な改編に着手した。そのためには、公式な大学として力を尽くすためにインフラ（施設や体制）を築くのが急務と考えた。

まず、1999年度に大学の名称を公式にサムスン半導体工科大学（SSIT：Samsung Semiconductor Institute of Technology）と改めた。

また、社内公募で新たにサムスン半導体工科大学のシンボルをつくり、正式な校旗まで制定し、公式な大学の枠組みづくりを開始した。さらに社内の専門家グループを立ち上げ、意見をとりまとめ、サムスン半導体工科大学のビジョンとミッション（使命）、中長期的な発展戦略を打ち立てた。そして労使協議会議の全幅の支持を受けるなかで、代表理事の承認をもらった。こうしてＳＳＩＴは新しく生まれ変わったのであった。

まず大学と大学院の課程を一本化し、大学の学士はもちろん、修士と博士の学位も取得できるよう体制を整えた。学部課程にはデジタル工学科とディスプレイ工学科を設け、それぞれ定員を20名、計40名とし、大学院の修士・博士課程はデジタルシステムラボ、メモリーデザインラボ、ＡＭＬＣＤ（液晶ディスプレイの一種）ラボ、工程開発ラボ、ソフトウェアラボなど5つのラボを運営することにした。

ＳＳＩＴの入学資格は現場の実務経験1・6年以上の模範社員で、とくに勤務成績が優れ、愛社精神に富んだ社員のうち、所属部署長の推薦と、書類審査、筆記試験、そして面接試験など厳しい公開競争を経てようやく合格できる。

学部課程は2年6学期制で、1年次は合宿教育で進められた。一般教養科目を学ぶのはもちろん、半導体事業と結びついた科目では一般大学と一線を画するカリキュラムがつくられている。そしてさらに専攻の選択、必修の各科目を履修し、2年次は現場で実験実習と卒業作品の準備、卒業論文の作成など、現場実習を主体とする教育を受けるように組み立てられている。

学部課程の運営は、学科長を中心に、豊富な現場経験と実務知識を兼ね備えた博士クラスの社内教授陣の徹底した指導の下になされる。また、ソウル大、延世《ヨンセ》大、高麗《コリョ》大、成均館《ソンギュングァン》大、京畿《キョンギ》大などソウル市内の有名大学の教授たちを講師として招き、教育の質を高めるのに努めた。一方、大学院課程はとくに社内技術大学としては韓国で初めて開設されるため、成均館大学と戦略的に提携するようにした。

大学院は修士・博士課程があり、2年4学期制で、1年はコースワーク（研究方法の基礎学習）として、専攻科目について集中的に学ぶようにした。教授陣は成均館大学とサムスン半導体のハイレベルの博士クラスの人材で構成し、体系的な技術理論、ならびに最先端のノウハウを現場実習を中心に教育する。そして残りの1年はそれぞれのラボ別にラボ長の指導の下に現場の実験、実習、そして卒業論文を作成させた。

大学はサムスン総合技術院のそばにある先端技術研究院の全部の建物と社内食堂、そして周辺の専用運動場を大学のキャンパスとして運営するようになった。一般大学に劣らない大変な規模である。

このように完璧な施設を整え、優秀な学生を選び抜き、そして世界最高の実力を誇る社内の実務博士たちと教授陣を揃えた。この体制は、あえて韓国最高と言っても過言ではないだろう。教授1名当たりの学生数は0・9名である。つまり、教授と学生の1対1の指導が可能なインフラと完璧な教育施設を備えた大学が誕生したのだ。

こうした努力の結果、2001年3月、教育人的資源部から正式に正規大学の認可を受けた。韓国最初にして唯一の社内大学が誕生したのである。

学業のレベルは既製の大学と比べものにならないほど高い

サムスン半導体工科大学に入学すれば、初めの1年間は大学の寄宿舎で義務的に合宿をしなければならない。ここでひたすら勉強だけに専念しなければならないのだ。入学金、学費、教材費、寄宿舎費など教育と関連するすべての費用は会社から支給される。もちろん給与もそのまま出る。半導体の現場で実際に使われている機械、高価な装備など、すべてのインフラが実習機材であり、補助的な教材でもある。

その後、サムスン電子工科大は社内大学としては初めての4年制正規大学として認可された。そして2004年に歴史的な博士第1号を出し、修士23名、専門学士33名など57名の卒業生に学位を授与した。さらに2005年には博士3名、修士21名、専門学士32名を送り出したのをはじめ、今日まで582名の「適材適所の人材」を養成してきた。

現在、サムスン電子工科大学の学長のポストは黄昌圭半導体総括社長だ。彼は、「半導体とディスプレイが産業の未来を率いる中核技術の人材の輩出で、サムスン電子の超一流企業実現はもちろん、国家の競争力にも一助となるであろう」と力説し、サムスン電子工科大学が担っている意味を改めて強調した。

第2章　サムスンの成功戦略

——サムスンで昇進し成功した人たち

1　サムスンで成功した人たちの共通点は何か

「ぐるぐる回る回転椅子のもち主はとくにいるものか。座ればその主人になるのだ……。出世せよ、出世せよ！」

ちょっと昔だが、こんな流行歌が韓国ではやったことがある。「くやしかったら出世せよ」何だか意味がわからないが、歌の響きがいいので、口をついて歌って楽しんだのが思い出される。

今に至るまで、出世とはどういう意味なのか、私にはよくわからない。最高の年俸をたくさんもらうことを意味するのか。そうでなければ、この歌にも出てくるように回転椅子に座ることなのか。はたまた、最高の権力を行使する立場につくのが出世なのか……。とにかく我われは役員として昇進した人たちに「星（軍の少将以上の階級章の星）をつけた」という言葉を好んで使う。

サムスンで働いている多くの職員たちは、出世のために最善を尽くしているが、実際に役員に昇進して出世する人は限られている。

人事部署に勤めた私は、これまでサムスンで出世した人をたくさん見守ってきたし、観察もしてきた。誰がいつごろ出世するのか。今度は誰が昇進するだろうか、そうでなければ飛ばされることになるのか、会社から途中下車（中途退職）しなければならない人物か。こうしたことを予想までできるようになった。

サムスンでは財務通が成功する

一般的に人びとがサムスンで成功しようとするなら、財務管理に人脈をもっていたり、経理出身あるいは第一《チェイル》毛織《モジク》（韓国最大のサムスン系列の毛織会社）出身の財務通であってこそ初めて出世すると言われる。サムスングループを動かしている最高の中心的要職についている李《イ》学《ハク》洙《ス》グループ構造調整本部副会長、グループの中心的な事業体であるサムスン電子ＣＥＯの崔《チェ》道《ド》錫《ソク》社長、金仁宙《キムインジュ》構造調整本部社長らは、いずれも第一毛織の経理出身で、絶大な力を誇るいわゆる財務通である。彼ら以外にも、多くの「星」が経理チームで訓練を受け、グループの構造調整本部の正統な出世コースを経て主要な要職であるCEOの椅子を独占するようになったのである。

最近では電子分野、半導体、携帯電話、LCD（液晶パネル）の浮上により、理工系出身や海外派、技術畑の人材がグループ内のCEOの椅子を多く占めるようになっている。しかし、それでも経理・財務出身のCEOが現在もサムスングループの社長団の30パーセントを超えている。そして、もっと重要なのは、30パーセントという数字ではなく、彼らがグループの中心となる力ある要職の席をすべて独占しているという点である。

このように経理・財務通が出世する理由は、会社を全体として見ることができる能力、つまり木ではなく森を見ることができる目をもっているからだ。サムスンは生産の現場で製品の正確な原価分析をするなど、現場と密着した経営手法をとる。つまり「過程重視」の企業風土であり、これがグループの伝統の「管理のサムスン」をつくる基盤となった。そのために企業経営の中心軸である流れと現況を一目で見られる損益分析は、サムスンではきわめて重要な仕事である。

だからと言って、経理・財務通なら、誰でも出世するわけではない。とくに構造調整本部の経験者はそれだけ力量を認められた選《え》りすぐりの人材であるから、確かに出世が他の人より早い。構造調整本部の人脈の間では互いにあれこれ面倒をみてくれたりもする。

サムスンではライトピープルが成功する

ところで、明らかなことは、サムスンで出世する人は経理出身であれ構造調整本部出身であれ、あるいは理工系出身であれ、海外派出身であれ、いずれも会社への忠誠心の強い人だという点だ。サムスンマンとしての誇りと自負心の高いライトピープル（組織とのコード、すなわち考え方や行動の基準が合う中心的な人材）にならなければならない。

これまで、私がサムスンの人事の現場で探ってみた結果、サムスンで出世する人びとにはある共通点があることがわかった。それは、彼らが常にサムスンマンとして物ごとを考え、それ以外の考えはまったく頭に浮かばないということだ。いや、無駄なことを考える暇《いとま》がまったくないとみた方がよい。また、「適当に、いい加減に」というのも通じない。１年３６５日、会社しか知らない仕事オタクである。彼らは自分がいなければサムスンはすぐ亡んでしまうという強い信念（それはたいていの場合、幻想かも知れないが）のなかで水火をいとわず動き回る人たちなのだ。

サムスンではT字型人材が成功する

サムスンで成功するのはいわゆるT字型人材である。サムスンが誇りにし、出世した中心的な人材は、いずれも自他ともに認める一つの分野の最高の専門家たちだ。ところが彼らはある分野の先頭を走るスペシャリストでありながら、基本的に探求精神が強く、その根性において勝負欲が強い。そのため、専門分野はもちろん関連分野の知識までも幅広く渉猟《しょうりょう》している。つまり、スペシャリストでありながら、ジェネラリストでもある。要するに、彼らはT字型人材であり、スペシャライズド・ジェネラリストとも呼ばれる。

彼らはサムスンの誇りであり、韓国の中核となる人材である。マルチプロセッション型人材（いろいろなことを並行して処理できる人材）であり、スペシャリストにしてジェネラリストだ。その代表的存在であるサムスン電子の黄昌圭社長はこのように言う。

「一つのことをうまくやろうとすれば、いろいろなことをしてはいけないというが、私はそれは違うと思う。**一つのことを本当によくやるには、いろいろなことをいろいろマルチプロセッションできる能力がなければならない**。前者と後者が衝突するのではなく、ともに活かすようにする能力がなければならない」

サムスンでは人間味ある者が成功する

サムスンで出世しようとすれば人間味がなければならない。仕事でベテランにならなければならないのは当然だ。しかし、自分よりもまわりの人を尊重し、何ごとにも前向きで、率先垂範する人格者でなければならない。

人間味があってこそ他者がついてくるし、真のリーダーシップを発揮できる。その人を前にすると心の底から尊敬心が湧き起こり、自然に頭を垂れずにはいられない。そういうリーダーシップは人格と道徳心から出てくるからだ。ここで人間味があるというのは、無条件に人がよいということではない。実際にこれまでサムスンで一緒に働いてきた人のうちで、ものすごく人がよいという評を受けた人もたくさんいる。

「あの人は法律がなくても生きていける人だ」「まるで仏のような善人だ」こうした評が周りからしばしば出るような人はまず出世できない。

心根が優しく情に篤い人ならいいというのではけっしてない。つまり、そうであってもカリスマ性のない人で最高経営者にまで昇りつめた人はほとんどいないとみなければならない。

サムスンでは推進力のある人が成功する

成功するサムスンマンは、すぐ実行して推し進めていく推進力の強い人である。実のところ、かつてのサムスンの風土のなかには、行き過ぎなほど細かく分析して突き詰め、あれこれ比較考量した後、また慎重に慎重を重ねて思い悩む「安全パイ風土」が強く支持されていた。こうした風潮のために、重要な意思決定をするのに予想以上の時間とコストがかかったのも事実である。しかし、デジタル時代をリードする現在のサムスンではそんなことは許されない。スピードが経済力であり、新しい時代にふさわしい人格なのである。

温かいカリスマ性を備えよ

サムスンで出世しようとすれば、強力な推進力とともに温かい人間的なカリスマ性がなければならない。まわりの人たちにプラスの影響力をもち、心をとらえる何かがなければならない。これまで、サムスンでは軍隊式文化にたとえられるボス・スタイルの強力なカリスマ性で成功した人が多かった。しかし、今や強力なカリスマ性はもうそれ以上出世できない。人間味を根本にした温かいカリスマ性で、コーチングリーダーシップを発揮せねばならない。サムスンでも人間味を根本にした温かいカリスマ性が次第に登場しつつある。

2　サムスンマンは退社後に何をするのか

サムスンマンの退社後が気がかりだ

「ＫＢＳテレビの生放送に出演せよ！」

研修院で教育中だった私に会社から緊急メッセージが伝えられた。翌日、サムスンの７・４制度（早期出退勤制度。朝７時に出勤し、夕方４時に退社する制度）に国民がとても高い関心を抱いているので、ＫＢＳテレビから生放送出演の依頼があったのである。それはいつかと聞くと、何と明朝の生放送だと言うではないか。

ちょうど研修院での教育がその日に終了だったので、日程的には大きな問題ではなかった。しかし、急にテレビに出演する、それも生放送だと言うので、唖然としてしまった。

それまで実際にテレビに出演したことなどなかったし、番組内容もよく知らなかったので、他の人に変えたほうがよいと本社に折り返し電話した。すると人事課長から「問答無用、出演せよ」と命じられた。しばらくは、あれこれ理屈をつけてとにかく逃げようとしたが、結局無駄だった。

それで仕方なくどんな番組か確認してみると、「アチムマダン（朝の広場）」というものであった。家に帰ってワイフに出演について話し、その番組について話を聞いてみると、ほとんどの主婦が朝主人を送り出した後、一息ついてコーヒーでも飲みながら楽しむ番組で、かなり評判がよく、視聴率が高いという。

とにかく翌日、私はＫＢＳがある汝矣島《ヨイド》にかけつけ、生まれて初めて放送局のスタジオに入った。騒々しいキューサインとともに李相 璧《イサンビヨク》氏と鄭恩娥《チヨンウナ》氏の司会で、この番組は私の不安などにはお構いなくいつもと同じように進行しているようだった。そしていよいよ、他のゲストとともに今日のテーマである「サムスンマンの退社後が気がかりだ」を中心に話が始まった。

私は主に、サムスンがいつから７・４制度を実施するようになったか、そしてその背景とか、その実施にともなう社員たちの反応や、これによって変化したいくつかの制度、そしてその効果などを話した。とくにサムスンの社員たちが急に、まだ日の明るい時間に退社するようになったが、その後何をしているのか、そして本当にその時間はきちんと守られているのかなど、

7・4制度施行にともなういくつかのエピソードと、退社後の現場の自己啓発の話など、私が知っている現場のことを真剣に話した。

早く出勤し、早く退社せよ

李会長がフランクフルトで新経営宣言（フランクフルト宣言）を発してから、ちょうど1か月目の1993年7月7日、サムスンは役職を問わず、全社員の勤務時間を朝7時から午後4時とすると宣言した。サムスンの役員や社員ばかりでなく、韓国人の誰もが皆びっくりするほど画期的な措置だった。マスコミは先を争ってこの「7・4制度」を取材して報道した。

7・4制度の電撃的な実施は、李健熙会長の新しい経営を具体化する改革の号砲だった。李会長は自分から変わることを率先してきた。そして、「奥さんと子供を除いて皆変えよう！」と言って、目に見えるところからサムスンマンの意識と生活パターンを変えるために、出退勤時間から手をつけたのである。

ふだん、サムスンの社員が業務を始めるのは、平均で午前8時30分であった。ところが、それよりも朝１時間以上早く始めるようにしたのだ。この変化は、「眠りからまだ覚めていないサムスンの社員たちが変化しなければならない」ということを感じさせる驚くようなやり方だった。

７・４制度は物理的なショックを加え、精神的な覚醒を目指すものだ。その根底には李会長の「改革一石五鳥」という彼特有の経営哲学がある。「変化してこそ生き残れる」という危機意識を呼び起こすために、朝の眠りを覚まし、明るく澄んだ精神で会社の業務に取り組み、仕事の強度と効率を高めようとしたのだ。そして残りの午後の時間を役員も一般社員もともに自分が使える時間にまわし、人生の質を高め、自己啓発するようにしたのである。もちろん当初は誰もが面食らい、朝は何をしていいかわからず、ぼんやりしていた。しかし、グループの強力な意思で、７・４制度はスムーズに定着していった。大部分の社員が退社後は自分なりに個性と趣味を活かし、各種の余暇活動と自己啓発の勉強をするようになった。これによって、退社後に帰途に就く道すがら、当然まだ日が高いので、酒におぼれるということが少なくなった。さらに、早く帰って家庭の団欒《だんらん》にも相当寄与したという分析が出たのである。

サムスンが自ら分析した結果によれば、７・４制度実施以降、退社後の時間は61％が個人学習に活用し、24%は家族とともに過ごすのに活用していた。この歴史的な7・4制度によって、経営成果が画期的に上昇したのはもちろん、精神面でも多くのプラス要因となったのである。

何よりも重要なことは、サムスンマンが自己啓発を通じて自分の力量を2段階以上は十分引き上げたという事実だ。単純比較だが、7・4制度以前と比べ、一定水準の外国語資格取得者は1万4000名から3万500名と2倍以上になり、情報化資格は1900名から3万5000名へと18倍増えた。実に驚くべきことと言わざるを得ない。

サムスンはいつも教育中

サムスンの人材管理は世間で噂されている通り、おろそかなところが一つもない。いつもきちんとしており、いくら目を皿にして探しまわっても、無駄に時間を潰して遊んでいる社員はまったく見当たらない。

各種の職務教育、階層別リーダーシップ教育、昇格者教育、創造力訓練、6シグマ（米国で開発された生産管理手法の一種）教育、品質教育、親切サービス教育、社内講師教育、職務別専門家教育、外国語生活教育など、種類も多様である。サムスンの教育にはこのようにとくにシーズンがない。サムスンの研修員たちはいつもフル稼働しているから、それこそ**「サムスンはいつも教育中」**なのである。

こうした学習はすべて自発的になされる。階層別教育課程のなかで、昇格対象者と教育課程などの必修履修課程を除いては、強制的に引っ張り出される無理な教育命令はない。ひとことで言って、サムスンマンは生き残りのために徹底した自己啓発をしているのだ。

研修院でなされる体系的で公式的な教育課程以外に、社内でスポット的に進められる教育なども多い。朝早く出勤して勤務時間前に参加できる課程と、昼食時間を利用した社内教育課程、勤務時間が終わった後に参加できる特別教育課程も設けられている。

週5日制勤務が本格的に実施されてからは、土曜日を利用して自己啓発に熱を上げている姿も見られる。週5日制施行当初は多くの職員が自宅で休んだり、家族と時間を過ごそうと努めていたが、今は自分の価値を高めようとする自己管理に全力を注いでいる。

サムスン電子の水原《スウォン》作業所は社内の21世紀アカデミーの教室に幹部のためのリーダーシップ教育特別プログラムを設けたが、これは予想以上に幹部たちから好評を得て、かえって主催者側を当惑させたほどだと言う。幹部たちのためのリーダーシップ課程だけでなく、社員たちのためにも各種の外国語講座とコンピュータの5講座が用意されている。

サムスン電子の亀尾《クミ》事業場（慶尚北道）でも、「クラブウィークエンド」という週末特講プログラムを設け、職員を対象に中国語や英語などの語学課程を設けており、期待以上の好評を得ている。

上司との1対1の評価

サムスンマンは1年に1～2回、自分の業績と能力評価のために必ず上司と1対1の評価面談をする。この面談は、日常生活の対話とは質的に次元が異なる。評価の結果によって自分の年俸が変わってくるし、昇進などに決定的な影響を与える人事ポイントが変わってくる。そのために、真剣な対話が交わされる。

上司との評価面談をする前に「自己申告書」というものを作成する。自分が評価の対象期間に成し得た成果と、率直な自分の姿を振り返るのである。そうしながら、自分の不足なところをどのような方法でどのようにグレードアップさせるかを悩み考え、自己啓発計画を立てるのである。

自己申告書には現在進めている職務に対する満足度とともに、職務関連のスキルはどのように向上させるのか、いかなる教育をいつ受けるのか、経歴管理（自分の能力を開発するようにうまく職務経験を重ねていくこと）はどのようにするのか、上司に助けてほしいことは何なのかを細かく記録するようになっている。

個人別の自己啓発計画がうまく立てられていれば、上司は最大の支援を約束し、教育に参加できるように細心の配慮と支援を与える。そして上司は職場での後輩の育成と指導の責任が大きいので、評価面談のときに自己啓発の努力や適切な計画が見られなければ、すぐに自己啓発の計画を立てるよう指示し、ともに悩み、コーチングをする。もちろんたいていの場合は、自己啓発の計画があまりに行き過ぎなのが問題で、少なくて問題になることはほとんどない。

しかし、サムスンの人事管理システムは一定のレベルに上がっても、それだけで自動的に能力と資格が与えられるものではない。サムスンは徹底した能力主義を目指している。組織内の同僚たちの間で、社内での評価を通じて優劣を分ける相対評価システムだ。したがって、例えば自分がいくら時速100キロで懸命に走っていても、他の人が時速120キロで前に行っていれば、自分は結果的に取り残される結果となり、退いていくことになるという論理である。

サムスンマンは、残った時間を自己啓発に活用するだけでは熾烈な生存競争で押されるしかない。だからこそ、彼らは未来のためにたえず戦略的な投資を行っているのである。

3 入社したが成長できない人たち

中途退社対象の第1位はどんな人たちなのか

韓国の就職専門企業・スカウトは韓国内の企業の人事担当者219名を対象に「職場内の中途退社対象の第1位」についてアンケート調査したことがある。その結果、「会社の雰囲気を低下させる社員」が36・5%で第1位を占めた。2位は実力のない社員で24%、その次が要領を使う社員(14・6%)、上司や同僚を誹謗《ひぼう》する社員(12・3%)、ことさら格好よく振る舞おうとする社員（７・３％）、与えられた仕事しかしない社員（６・８％）という順になった。

次に、サラリーマン２４６６名を対象に「会社を辞めさせられないためにどのような努力を一番しているのか」と聞いてみた。この結果も興味深いものになった。

「業務評価を大幅に高めた」と答えたサラリーマンが何と44・９パーセントで第１位を占めた。次に「自己啓発をする」という答えが29・６％を占め、「早く出勤し、夜勤する」が11・４％、「上司にへつらう」（６・６％）、「会社の雰囲気を高める」（４・１％）、「休日・休暇を返上する」（３・５％）などの順だった。

入社して誰もが成長するわけではない

サムスンでも、多くの社員が中途退社や名誉退社をすることもある。また自分なりにビジョンを見出せず、去っていく人も少なくない。就職の選好度が１位であり、年俸も多く、各種の福利厚生も韓国最高を誇る超一流企業に入ったのだから、うらやまない者がないほどであり、すべての条件が満たされ、物足りないところはないと思われがちだ。しかし、だからと言って入社した人すべてが成長するわけではなく、その後、中途退社する場合がままある。それは、サムスンの進んだ人事制度がリアルタイムで社員たちの玉石を選り分けているからである。サムスンの新しい人事制度は、他とは違い、特徴的な戦略を備えている。そのいくつかを要約すれば次の通りである。

第一に、サムスンはグローバルな超一流知識・情報人材（ゴールドカラー）を活用する人事制度を目指している。すなわち、単なる勤労提供者ではなく、知識と情報の提供者を求めている。国境を越えて世界的に優秀な人材をたやすく誘致し、働いてもらえる先進の人事制度を備えている。また、それればかりでなく、彼らの影響で会社全体が成果を出せるように、根本的な変化を試みている。

第二に、サムスンは職責（ポスト）と力量を中心に管理している。職位（社内での形式的な地位）や年功序列を基準とした人事慣行から思い切って脱皮し、職責と中心的な力量を基準とする人事を実行している。また、職員の能力開発と専門性向上を支援し、専門能力の活用の強化に力点を置いている。

第三に、確実な成果主義を具体化する人事を繰り広げている。例えば、様ざまな挑戦の機会を提供し、成果を出すために最適な条件の提供に力を注いでおり、創出された成果については確実な褒賞を行い、動機づけをしている。また成果に対する評価と褒賞のすべての過程で、公正さと透明性を高めるシステムが組み立てられている。

最後に、デジタルを基盤とする現場主義の自律を目指す人事を行っている。つまりデジタルに支えられたスピーディな現場を築くためにE－HRM（Electronic Human Resource Management）を完璧に築き上げており、現場管理者が自ら人事管理に携われるようにしている。これにより、現場のニーズをただちに人事に反映し、緊密な対応体制を築き上げ、人事制度が全体として最大の効果を上げるように努めている。

サムスンは業績ではなく力量を重要視する

サムスンの新しい人事制度は、成果主義を基本としている。このため、サムスンでは、「力量（コンピテンシー）中心の人的資源管理システム」が運営されている。これは最近多くの企業が先を争って取り入れようとし、関心を向けているものだ。

このシステムは、企業が組織と職務の中心となる力量に重点を置くものだ。職務ごとに要求される力量の内容を確認し、それをはっきりと定義した後、これを社員の採用や評価、年俸をはじめとする社員の各種褒賞制度、そして社員の育成、職務遂行の基準に活用する。つまりひとことで言って、成果を出す人を優遇する人事制度である。したがって、社員の間では社内競争が熾烈にならざるを得ない。

それでは誰がその評価をするのか。また、どんな人が成果を出すのだろうか。当然のことながら、力量のある人が成果を出すことができる。

ところで、サムスンは成果（パフォーマンス）を「業績」と「力量」に分けている。結果（アウトプット）として何を達成したのかというのが「業績」であり、その過程（インプット、スループット）でどのように達成したのかというのが「力量」である。

「力量」は、単なる能力とは意味が違う。特定の状況や職務で、たえず優秀な成果を出そうとする個人の内的な特質を言う。力量は、静態的で固定的な概念の「能力」や「態度」から一歩進んで、これらの能力を実際の業務に活用するダイナミックな概念だ。「活動能力」と言ってもよい。

サムスンが力量を重視するのは、いくら業績が優れていても、その業績を達成する方法や過程に問題があってはならないからだ。企業では、業績は誰が何と言ってもきちんとした方法によらなければならず、道徳的、倫理的にいささかも瑕疵《かし》があってはならない。

そして業績だけで年俸を決定し、昇進、昇格に反映させるなら、力量がきわめて優秀で、大変な努力をしたのに、周囲の環境や個人の外的な理由で、業務結果への評価が低かったら、職員の立場からすればリスクの高い業務は誰も挑戦したがらないという問題が生じる。

したがって、力量中心の人事政策は、どの程度問題点を克服できるかを測る方法として注目される。短期的な業績は不足でも、基本的な力量を備えた人は、条件が整いさえすればいつどこでも成果を出すことができる。だから、サムスンは結果にはそれほど恋々としない。

競争を喜ぶ人だけがサムスンでは生き残る

もう一つ念頭に置かなければならないことは、個々人の成果について、一定の水準に達したからと言って無条件にトップレベルの評価を与えないということである。サムスンではいわゆる相対評価制度をとっているので、自分がいくら熱心にやって所期の成果を出しても、まわりの競争者たちと優劣を分けざるを得ない。そういう競争体制なのだ。

血の出る競争を続けなければ、社員だからと言っても淘汰されてしまう。したがって熾烈な競争がたえず続けられるのである。

そうしたなかでも、サムスンは組織のシナジー、個人がもっている情報の共有、そして協力とチームワークの人間味を強調する絶妙な人事制度をとっている。そこはやはり、人事制度で一歩長じたサムスンだからこそである。

専門家的な実力とプロ意識を強調しながら、一方では共生するために協力と調和を強調する。そのなかで、システムとして善意の競争を導いているから、サムスンは必然的に人材力が優れた組織になるしかない。

サムスンは世界の超一流企業として日々発展しており、人材がたえず押し寄せている。サムスンは優秀な人材が競って自分の価値を高めるために力量を発揮しており、それにともなう成果を生み出している。そのために、サムスンはより競争力のある会社へと伸びていく。そうした正しい循環の環《わ》が回り続けているのである。

サムスンの人事システムに適応できない人たちは、会社を去るしかない。年功序列の風土はなくなってかなりたっており、生き生きと輝く後輩たちの躍進は勢いのある津波のように押し寄せている。貫禄とポジションパワー（地位によって生じる権力）でリーダーシップを発揮した時代は遠い昔の話である。

時が進むにつれ、変化と革新の波は勢いを増すばかりだ。会社のこのような変化に適応できない人たちは自然とロイヤリティ（組織のなかでの存在感）が薄くなっていくしかない。そして結局は、会社の競争的な雰囲気を低下させ、他人の足を引っ張る悪口を言うしかない存在となるばかりである。競争を好む人だけが、サムスンで生き残ることができるのだ。

サムスンの人事担当者が指摘する中途退社対象の第１位は、会社の雰囲気を低下させる社員である。そしてその次は、実力のない社員である。

4　サムスンで昇進するには段階と順序がある

職場で最も楽しいときはいつですか

ビジネスマンに「職場で最も楽しいときはいつですか」と訊けば、おそらくほとんどの人が昇進したときだと言うだろう。サラリーマン生活をしていて初めて幹部に昇進したときが最もうれしいという。そして、その次に最も意味ある昇進が、役員に昇進した瞬間だという。それこそ出世の象徴的な星を握った瞬間だからだ。

役員への昇進は、一般社員の身分から経営陣の身分へと変わるのはもちろんだが、何よりも大変な処遇が待っている次元の違う職場へと入るときでもあるからだ。

まず何はさておき、高価な木製の家具に大きな机と会議用のテーブル、顧客の接待用ソファーや備品などで、事務室の環境が変わる。さらに役員を補佐する秘書が配置され、個人の専用車が提供されることもあろうし、ゴルフ会員権やヘルスクラブの会員権も与えられる。総合健診を通じた健康管理制度も会社が責任をもって用意してくれる。

役員としての品位の維持のために法人カードが提供され、経営者の身分が与えられ、経営会議に参加できる。ストックオプションと億ウォン単位（日本円で１０００万円単位）の年俸も保障される。

この他に輝くばかりの各種の福利の恩恵も用意され、数十種類もの条件が変わってくるが、そんなポストに誰がつきたくないと言うだろうか。昇進というのは実にいいものだというのは間違いない。

昇進にも段階がある

サムスンの昇進のプロセスを知るためには、まずサムスンの職級体制がどのようになっているかを知らなければならないだろう。すなわち、サムスングループを代表するサムスン電子を基準に、職級（職務に与えられた等級）の体制がどのようになっているのか、上位の職級に昇進するためにはどのようなルートや期間が必要なのかを見なければならないということだ。

基本的に、サムスンの職級の体制は大きく一般志願職群と研究開発職群に分けられている。一般志願職群はさらに志願職群（G）とマーケティング職群（M）、技術職群（T）、製造職群（P）に分けられており、各職群ごとに7段階の職級体系が設けられている。研究開発職群はさらに研究開発職群（E）とデザイン職群（D）に分かれており、6段階の職級体制からなっている。ここで言う各職級の段階はまず1段階から2段階、そして3段階から7段階まで上がっていくようになっている。

このような職級の体制からサムスンの人事戦略を間接的に読みとれる。人材を確保して評価し、職務にともなう役割と能力に応じた処遇の保障において、そして人材を育成するのにおいて、人材の市場価値を反映する徹底した職種別、職群別の差別化政策がそのまま表れているのだ。

また、もう一つ注目すべきことは、研究開発職群の職級の段階が、一般志願職群に比べて1段階少なく設定されているということだ。これは研究開発・デザイン分野の特性を活かしながら、この分野の価値とステイタス（評価と価値づけ）を強化するための政策的な配慮だと言える。それはまた技術重視のサムスンの風土を読み取れるところでもある。

職級は最下位の1級から始まる。一般事務職群の場合にはG1、営業職群の場合はS1、生産・製造職群の場合はP1の職級がそれぞれ与えられる。学歴基準は撤廃されたが、大卒水準の新入社員は入社とともにG3の職級を与えられる。

1、2、3級は「社員」と呼ばれる。その後、代理、課長、次長、部長へと上がっていく。これに対し、研究開発職群の場合は研究員から始まって選任、責任、首席と呼ばれる。もちろん、部長の職級の上には役員層として常務補があり、さらに常務、専務、副社長、社長、副会長、会長と続いていく。一方、研究開発の技術職群はすべて研究委員と呼ばれ、一般職より単純になっている。ただし、一般職群の役員層に当たる身分として研究委員・常務級、研究委員・専務級などと差別化がなされている。また、研究委員のうち最高の名誉職として、フェロー（特別研究員）が置かれている。

組織の長は柔軟性があるべし

ところで、このような職位は各部署などの単位組織の公の責任者を言うのではない。形式的な職位の上下と、実際の仕事の責任（職責、ポスト）は厳しく区別されている。

チーム制度が導入されてからは組織の責任を引き受けるリーダーは、管理者としての資質とリーダーシップが優れた幹部を中心に選抜され、職責を与えられる。そしてたいていの場合、大部分は公の単位組織として「チーム」と「グループ」が編成されている。

組織のサイズによっては、さらにグループのなかに非公式の組織として「パート」を設ける。もちろん、研究開発職群の場合は組織の特性によってチームや室、さらにプロジェクトごとに小さなタスクフォースチームなどが設けられ、研究開発アイテムの種類や大きさ、期間などによって随時柔軟に適当な規模のプロジェクトチームがつくられたり、解散されたりする。

サムスンの組織は一般的に大規模なチーム制となっているから、チーム長は役員級が引き受け、グループ長は次長級や部長級が引き受けることになっている。そして、チームの規模があまりに大きくなると、公の単位組織であるグループの下に、内輪の非公式組織としてパートを置くのである。こうした場合、パート長は課長級や次長級が引き受けることが多く、特別な場合には次長級が引き受ける。

職責を担うには、組織に責任を負う管理者としての資質とリーダーシップが重要だ。そのため、サムスンはこれに関してはとくに柔軟性をもたせている。

　ここで一つ言葉の意味を明確にしておきたいと思う。我われはふつう日常生活では「昇進」と「昇格」という言葉を同じような意味で使っている。しかし、人事の専門用語では、これらは意味が違う。職責・職級の枠組みのなかで、形式的な地位が一段階ずつ上がっていくのを「昇格」と言う。そして職級が上がっていくのとは関係なく、公に以前より重要な職責を与えられるのを「昇進」と言う。ふつう、職級が上がるとともにそれにふさわしい職責を与えられる。そのため、二つの言葉は一般には同じような意味になり、人びとは実際の職責が上がる方を重くみて「昇進」という言葉をよく使うのだ。

昇進しようとすればポイントを積み上げよ

　サムスンの人事制度の特徴は、年俸の等級、およびその他の人事評価の基準によって自動的に昇格資格を与えられるポイント昇格制度にある。ポイント昇格制度とは、年功序列よりは個人の能力や業績を優先する昇進評価である。

評価基準は人事評価点数、教育点数、褒賞点数、資格点数など昇進に必要ないろいろな要素を点数（ポイント）化し、「一定点数」以上になると、規定の昇進年限に達しなくても、昇進審査の対象となる。

昇格のための基本要件として、職級の間では基本的な昇進年限を定めた標準滞留（在任）期間が設定されている。例えば、G3級からG4級（「代理」級）に昇格するためには4年の標準滞留期間が基本だ。G4級からG5級（課長級）に昇格するためにも4年が必要だ。

ところが、このように決められている標準滞留期間でも、昇格ポイントが満たされれば、何ら意味がない。言い換えれば、標準は4年だが、1年早く3年で昇格ポイントが満たされれば、それで足りるのである。また、4年で昇格ポイントが満たされなければ1年延長されることもあり、最悪の場合は2年延長もありうる。結局、他人より1年早く昇格することもできるし、1年遅く昇格する場合もあるのだ。

昇格には正規昇格と抜擢昇格（特別昇格）がある。正規昇格は標準滞留期間を経た者のうち、職級別昇格点数を取得して昇格することを言う。抜擢昇格は標準滞留期間未満者のうち、業績や能力が卓越し、昇格ポイントを取得した者を別途に審査し、昇格させることを言う。昇格ポイントは成果を評価して決まる年俸等級によって自動的に与えられる。

年俸等級を決定する成果評価は、業績と力量を総合的に評価して決められる。年俸等級によるポイントの蓄積の他に、賞罰による追加ポイントが与えられるが、会社によっては特別な資格取得で昇格ポイントを増やすこともできる。

大学生がよい会社に就職するために、先々を見通して戦略的に成績を管理するように、サムスンの役員や社員たちも自分の昇進と昇格のために人事ポイントを戦略的に管理する。このような成果主義の新しい人事体系が今日のサムスンの競争力をいっそう高めている。

5　サムスンで昇進する人はここが違う

サムスンは徹底してサムスンマンを求める

人事異動の季節になると、いろいろな下馬評が出回り始める。今度の昇進の規模が史上最高だから、ある会社は大々的な昇進劇が予想され、ある職場では人心の一新が予想されるなど、世間の注目が集まる。そうして、ついに昇進人事が発表されると、一人ひとりの顔写真から基本的なプロフィールまで紹介される。

誰が昇進するのだろうか。この決定に、会社は慎重にも慎重を期する。ある人がどのような仕事をどのようにするかによって組織の成果が大きく異なり、組織の勝敗が左右されるからだ。

今日、組織では人を人的資源、または人的資産と呼ぶ。人的資源としての人間は単なる頭数の概念ではない。職務を創造的に成し遂げられる特性と能力をもつ力量ある人、すなわち「人材」を言う。ところで、このような人材がサムスンで必要な職務の力量をすべて備えているからと言って、それで人材として十分な条件が備わっているとは言えない。

組織経営の基本的な枠組みのなかで、深刻に悩まなければならない重要な問題がある。それは、組織と人材の整合性、つまりいわば相性だ。いくら優秀な人材だと言っても、組織の特性や目指す価値観、そしてビジョンや使命感を受け入れて共有できなければ、その人は組織に必要な人材ではない。組織のなかに延々と流れている文化に共感できて初めてその組織にふさわしい人材となるのである。組織と人材が互いにコードの合う「ライトピープル」にならなければならないということだ。

このライトピープルがまさしく真のサムスンマンだ。結局は彼らこそが有意義な仕事をし、成果を上げる。**サムスンで誰よりも速く昇進し、出世をしようとすれば、まずはサムスンマンにならねばならない。**

私が長い間、同じ釜の飯を一緒にしながら探ってみたいわゆる「真のサムスンマン」は、会社に対する不平不満を絶対に口にしない。とくに外部の人のいる所やミーティングの場で会社の不平不満を言う人は絶対にいない。さらに酒の席でサムスンを肴《さかな》にすることもまずない。

だからと言って、彼らはイエスマンではない。組織のなかでは自分の主張が強いが、健全な主張を好む。直さなければならない問題、偏っていることに対する体質改善の意見も出すが、絶対反対のための反対や、個人の不平不満のための反対はけっしてしないのである。会社での問題は何ごとであれ会社を愛する真心をもってアプローチする。

「知行用訓評」を実践せよ

他の人より早く昇進するためには、結局人事評価がよくなければならない。韓国ではよく知られていることだが、最近のサムスンの人事システムは成果主義型の人事制度だ。しかし、人事評価のシステムは業績だけよければ無条件でよい評価を受けられるわけではない。

サムスンの人事制度は力量の評価にかなり重きが置かれている。そして同僚評価も実施する。道徳性もチェックし、その人の人柄とリーダーシップを評価する。一種の「360度評価」なのだ（360度評価とは米国で開発された評価法で、上司や同僚、部下、顧客など複数の関係者が評価する。多面評価とも呼ばれ、業績以外に人間性なども公正に評価できる）。

サムスンでよい点数を得て出世する近道は**「知行用訓評」**を心深く刻み、それを実践できる人になることである。「知行用訓評」とは李健熙会長自身がつくった、サムスンの核心リーダーが備えていなければならない5つの条件であり、徳目を指す。

第1に、**「知」は多く知らなければならないということだ**。すなわち、T字型人材を言うが、専門家としての深さと、森を見ることのできる幅広い目が必要である。

第２に、**「行」は頭の中で知るだけでなく、直接行動しなければならないということだ。**つまり、率先垂範を言う。

第３に、**「用」はまわりの人をうまく用いてあげることができなければならない。**これは端的に言えば、人材を集め、うまく活用する用兵術を言う。

第４に、**「訓」は人材が貴重であることを知り、人材育成の観点をふまえてよく教え、訓練し、指導することができなければならないということだ。**

第５に、**「評」は信賞必賞（信賞必罰のもじり。信頼すべき人材はできるだけ積極的に評価しなければならないということ）のために人を公正に評価し、信頼を基礎にしてよくコーチできなければならない。**

結論として、昇進するためには、サムスンの人材に合う人物として自分自身を常に練磨しなければならない。核心となる力量を養い、成果を創出し、リーダーシップを発揮することで、核心的な人材群の仲間入りができる。

6　サムスンで最高の経営者の夢を成し遂げたいなら

サムスンで社長になるのは容易なことではない。韓国では、長官（大臣）になるよりもサムスンで最高経営者になる方が難しく、またその方が望ましいとよく言われている。それほど、サムスンの最高経営者の席は富と栄誉を一手につかめる、とっておきの席と言える。

ところで、サムスンで最高経営者のポストについた人たちは、ずっと前から生まれつき才能ある人たちなのだろうか。人材は「生まれながらの才能」と「教育を通じた能力開発」のうち、どちらにより多くの影響を受けるのだろうか。

生まれながらの才能に後天的学習が加えられなければならない

この問題はこれまで学者たちの間で数多くの論争を巻き起こした。だが、今もってはっきりした答えは出ていない。しかし年を経るにつれ、人びとの多くは教育と訓練を通じた人材育成の方に比重を置くようになっている。人材は先天的で生まれつきでもあるが、後天的な努力で十分に育てることができるという論理だ。このような考え方は企業で人を採用して育てるとき、かなり重要な意味をもつ。

もちろん、先天的な生まれながらの才能があり、さらに後天的な教育がそれを下支えするなら、それに越したことはない。しかし、多くの場合はそうではないのが現実である。先天的に人材としての才能を備えていると言っても、人材として評価されず活用されない場合も多い。それに生まれながらの人材と言っても、能力を発揮できるようになるには、しっかりと訓練を受けなければならない。これが一定のプロセスの教育と訓練が必要なゆえんだ。そのために、企業は人材育成のために大々的に投資をしながら人材を育てているのである。

自分の強みを発見せよ

自分なりの特殊な力量、そしてそれ一つをもっているために他をすべて捨てることができる選択と集中が必要である。世界的な調査機関のギャラップが次のような意義深い調査をしたことがある。一般の人に「あなたが発展するのに最も助けとなるのは何だと思いますか。自分の強みを知ることですか。それとも自分の弱みを知ることですか」と質問したのだ。この質問に、多くの人が自分の強みを知るのではなく、弱みに関心を注ぐと答えたのだ。

ところで、面白い事実は、アメリカ人は回答者の41パーセントが強みについて知らなければならないと答えたのに比べ、日本人と中国人で強みが成功の鍵だと答えた人はたった24パーセントしかいなかったということだ。韓国人のデータがないのが残念だが、おそらく日本人や中国人とそう大差ないだろう。もしかすると、彼らよりもっと低い結果が出るかも知れない。

重要なのは、大多数の人が自分の強みを開発するよりは、弱点を直すために努力しているという事実だ。それは、永遠に隠したい弱点への恐れ、どうしても失敗を恐れて気苦労する気持ち、そして自分は特別な才能がないと考え、無能、自己否定など本当に自分への恐れを抱いているせいである。

サムスンで役員に昇進できず、途中下車する人を見ると、たいていはそうした恐れのために会社を辞めてしまうのだ。自信を失い、無力感に陥って消極的に働き、結局無惨に打ちひしがれるのである。

最高経営者になろうとするなら、長期的な計画をもって取り組め

生まれながらに素質や能力が優れ、ＩＱ（知能指数）が高いからと言って最高経営者になれるわけではない。最高経営者として必要な資質と力量というものがあるからだ。最高経営者は一朝一夕にしてつくられるのではない。長期的な計画をもって体系的に取り組んでいかなければならないのだ。

たいていの会社では、一定期間熱心に勤務して昇進のときになれば、10日間全力を注いで本格的に昇進試験の準備に入る。しかし、そんなことはサムスンではまったくないし、考えられもしない。

サムスンの社員は、日常生活そのものが一つ一つ昇進とつながっているとみた方がよい。日常生活のなかで成果が出てこそ自然に力量が発揮されるのだから、日々の勤めのなかで最善を尽くすことが重要なのだ。

自分の強みが最高経営者をつくる

サムスンの最高経営者を分析してみると、誰もが一つの分野の最高の専門家でプロだということがすぐわかる。彼らはどのようにしてそうした分野の最高の専門家になれたのだろうか。最高経営者の高みに向かうサムスンマンの情熱はやむことを知らない。ところが、彼らは自分の不足な部分を補って欠点を直すのに焦点を合わせたりはしない。自分だけの独特なカラーを保ちながら、他人よりよくできる強みをさらに強め、自分だけの際立った強みを強化することに主力を注ぐ。

よい部分をさらに磨いてよくしていくこと、自分だけの強みを強化することは、面白くもあり、興に乗るものだ。何よりも自信を深める。この自信は他の人びととは異なる相乗効果を生み出しながら、果てしない挑戦へと昇華する。

今のサムスンの最高経営者たちを見れば、一つのスタイルできちんとした型にはまった人物は一人もない。一人ひとり、他人とは一線を画する特徴と力量が際立っている。ひとことで言えば、それぞれのカラーが鮮明な人材なのだ。

7　サムスンの社長団は彼らだけの共通点がある

サムスンの社長団は1等を目指す執念が強い

サムスンは世界のなかでそびえ立つ超一流企業だ。サムスングループは２００４年に売上高１３５兆ウォン（11兆円）、粗利益19兆ウォン（１・５兆円）という成果を上げた。そして２００５年度には韓国は不況であったにもかかわらず、サムスンだけは売上高１４５兆ウォン、粗利益12兆ウォンの大きな成果を上げた。

サムスンの売上高は、韓国の１年間の国家予算とほぼ同じである。また５９８億ドルにのぼる総輸出額は、韓国の全輸出高２８４４億ドルの21％という高い割合を占めている。

サムスンは合わせて20以上の製品分野で、世界１位の座を占めている。そのサムスングループのなかでも、サムスン電子は合わせて9つの製品で自他ともに認める世界1位を守っている無敵艦隊だ。メモリーの分野では10年前から世界1位である。すなわち、29パーセントの世界市場占有率を誇るDRAMは1992年から、また市場占有率26・9パーセントのSRAMは1995年から、そして20パーセントの占有率を誇るフラッシュメモリーは2002年から、世界最高の座を一貫して守っている。サムスンは韓国の「世界1位製品」のメッカと言える。

こうしたサムスングループの輝かしい躍進と成果はどこから出てきたのだろうか。これには重要な要素が多い。しかし、最高に向かうたえざる挑戦精神こそがこれを可能にしてくれる決定的な要素である。

サムスンマンはエリート意識が強いことで知られている。しかし、そうしたエリート意識が挑戦精神を強くつくり上げる牽引車の役割を果たしてきた。何よりも、サムスンを率いている最高経営陣たちを探ってみると、彼ら自身に挑戦意識が強いのだ。

サムスンの社長団は人材経営の哲学をもっている

サムスンの社長団がもっているもう一つの共通点は、人材を大事にする人材経営の哲学である。李会長の人材経営の哲学がそのまま彼らの胸の中にすんなりと収まっていることがわかるが、これはある日突然なされたものではけっしてない。人材の大切さを現場の隅々から学び、それに慣れ親しみ、体験して胸に刻んだからこそ成し得た結果だ。実のところ、本人たちが然《しか》るべき人材として、そのポストにふさわしい待遇を受けながら育《はぐく》まれてきたと言うべきだろう。

サムスンの社長団は変化と革新を主導

その次に認められるサムスン社長団の共通点は、変化と革新を主導しているという点である。変化を望む彼らの視角は際立っている。変化しない企業は亡びるという原理はもちろん、CHANGEという単語のGをCに変えれば、チャンスになる（変化は常に好機でもある）という原理も知っているのだ。

変化と革新は看板倒れになってはならないという信念の下に、彼らは革新の現場に下りてきて直接陣頭指揮する。そして、うまくいっているときがすなわち危機だと肝に銘じ、一歩先に出て変化を指導する。彼らは10年後の競争力と利益を心配し、未来に備えているのだ。

サムスンの社長団は技術を重視する

サムスンの社長団のもう一つの共通点は、技術重視の精神だ。彼らはエンジニア以外の出身者も含め、最高の技術がなければ世界市場を占めることはできないという技術重視の精神で貫かれている。

彼らは選択と集中を通じてこそ、熾烈な競争を果敢にくぐり抜けることができるという信念をもっている。また、競争者がうようよしている「レッドオーシャン（赤い海）」から抜け出せる独特な技術とアイデアだけが、競争がない新しい市場を創出する「ブルーオーシャン・ストラテジー（青い海戦略）」となるという事実を知り、実践する経営陣だと信じている。

サムスンの社長団は実力とプロ意識をもつ専門家

彼らはまた、自分の専門分野においては自他ともに認める韓国最高の専門家だ。いや、それどころか世界のどこに出してもまったく遜色のない専門家たちだ。ところで、一つ際立っているのは、彼らの大部分が自分の専門分野のみならず、別の分野でも幅広い知識を備えているということである。つまり、彼らはいわゆるT字型の人材で、プロ意識と専門家としての気質が強いのだ。そのため、彼らはいずれも意思決定能力が優れており、スピーディに仕事を推し進めていく推進力が並外れているのである。

サムスンの社長団はグローバルマインドがある

サムスンの優れた社長団のなかには、海外派の社長団はさほど多くない。にもかかわらず、彼らは自分たちが純血の国内派だという考えはまったくしていない。また、彼らは自分たちの競争相手が国内企業だとはけっして考えていない。彼らは世界最高の企業と堂々と競争したいと思っている。彼らは国際的な視野に基づき、国際的な感覚とビジネスマナーを身につけ、グローバルマインドをもっている。したがって、彼らにとって外国文化に対する共感はなくてはならないものだ。

サムスンの社長団はコーチングリーダーシップを発揮する

サムスンの社長団のもう一つの共通点は、人材育成のためにコーチングリーダーシップを発揮していることだ。彼らの大部分がポジションパワー（役員という地位による力）をもち、権力を行使しながら、部下を動かす時代に育った人だ。しかし同時に、デジタル時代を迎え、リーダーにとって新しい概念と力量のリーダーシップが必要だということに気づいていち早く変身した人たちなのだ。

彼らは組織のメンバーが自ら情熱を燃やさない限り、組織のシナジーは創出されないという事実を知っている。とくに新しい世代の人材を動かす力は賞賛と激励による温かみのあるカリスマ性だという事実を知っている。だから、彼らは皆一様にコーチングリーダーシップを発揮している。人材育成の次元で積極的にコーチングしながら、動機づけを通じて影響力を行使しているのだ。

サムスンの社長団は現場を重視する

現場に人がいて現場に製品がある。現場に問題があり、現場に技術がある。したがって彼らは絶対に椅子に座ったまま机上の空論をしようとはしない。現場が健康で楽しくあってこそ、会社が健康である。この信念があればこそ、いつも現場に足を向け、現場で対話し、現場の声に耳を傾け、現場で即時決断する。現場を愛する心こそ労使関係をよくするマインドであり、リーダーがもたなければならないサムスンの文化だ。

サムスンの社長団は自己管理が徹底している

サムスンの最高経営者たちのうち、貧相で弱々しい人を見たことがあるだろうか。おそらく一人もいないだろう。彼らは年齢に関係なく健康で精力にあふれている。楽しく遊ぶことも知っており、歌も上手で、酒も相当飲む。ほとんど全員が一つ以上の運動をしており、それを楽しむことができるスポーツマンだからだ。健康な肉体に健康な精神が宿るという信念で、ヘルスクラブを通じて体の管理はもちろん、全般的なイメージ管理に神経を使っている。とくに道徳的、倫理的に清潔なイメージを保つために徹底した自己管理に心を砕いている。そして何よりも重要なのは、自らたえず革新し、新しい自己競争力を備えようとする自発的な努力だ。

サムスンの社長団は全員が会社の主人だ

最後に重要な共通点は、彼らがいずれも単なるサラリーマン経営者ではなく、サムスンの主人としてオーナー経営者であり、それにふさわしい自負を抱くライトピープルであり、生粋のサムスンマンだという事実だ。

このようにしてサムスンの力が彼らを人材として引き上げ、会社を成長させている。

第3章　サムスンの採用戦略

――サムスンは超一流の人材を求める

1 サムスンはいかなる人びとを採用するのか

人材経営において、いかなる企業もサムスンを超えることはできないだろう。例えば、サムスンはずっと以前から人材採用とその運営において無派閥主義を守ってきた。サムスンでは学校や出身地域は大きな問題にならない。もちろん性差別もない。学歴に関係なく、能力のある人だけを選抜し、能力を発揮すれば誰でも中心的な人材として最高の待遇を受ける。だからこそ、サムスンにはたえず人材が押し寄せるのだ。

実際、サムスンには一流大学出身者が多いが、地方大学出身者も少なくない。「サムスンの星」と呼ばれる役員の出身地域別分布や学歴分布を探ってみると、一定の地域の出身者を選り好みしたり、排除している点は見出せない。高卒出身の立派な経営陣もたくさんいるばかりでなく、女性の比率もどの企業よりも多い。

サムスンの採用の歴史を見る

今日、サムスンが超一流企業にのし上がるには、何よりも「人材第一主義」が功を奏した。グループの創業者で最高経営者だった李秉喆会長は人材重用に他とは一線を画する哲学をもっていた。彼は学縁、地縁、血縁を撤廃するために、１９５７年に韓国で初めて新入社員を公募採用した。縁故入社が当然だった当時、これは韓国社会で話題となったものである。

さらにサムスンは１９９４年、学歴・性別の撤廃を骨子とする「開かれた人事改革案」を作成し、採用のときから学歴と性別の制限をすべて廃止した。これにより、採用基準の長い慣行とやり方を変えたので、センセーションを巻き起こした。

そして１９９６年には女性人力活用タスクフォースチーム（ＴＦＴ）を設け、女性人材の採用を大幅に拡大し、再び採用市場の変化と革新をリードした。サムスンが果敢に進めている女性重用策は、企業イメージを高めるなどといった単純な考えではなく、企業の生き残りのために始められた。

とくにサムスンは女性が自らの能力を最大限に発揮することができるよう、人事の制度や勤務環境の面で、細かいところまで惜しみなく支援している。昇進年限や担当する職務には差別はまったくなく、昇進審査も男性と同じ条件で受ける。これに力づけられ、サムスンで勤務する女性たちはマーケティング、デザイン、営業、商品企画など各分野で名実ともに断然先頭グループをなしている。

李健熙会長は「女性人力が競争力の源泉となっている」「女性人力の活用は『第2期新経営』の主軸の1つである」と賞賛している。

また、サムスン重工業のすべての作業場は女性に大幅に開かれている。韓国の製造業界で初めて女性現場技師、溶接士、品質検査官などを輩出し、毎年新入社員の30％以上に女性を採用している。

さらにサムスンSDSは2004年の公募採用の34％が女性で、来る2010年に女性の採用を50％、女性管理者の割合を35％ほど高めると宣言している。

このように、サムスンは時代の変化とともに、人材を選抜するノウハウを積み重ね、採用市場の変化を主導してきた。特筆すべきは、1995年に公募採用の筆記試験を撤廃したことだ。

当時は、新入社員を選抜するとき、筆記試験を行うのはあまりにも当然で、その成績がそのまま入社の決め手でもあった。筆記試験をパスした志願者たちは、よほどの欠点がない限り、合格したも同然だった。面接はただの顔合わせで形式的なものにすぎなかったのだ。これほど重要だった筆記試験を廃止したのだから、大変な変化だった。

今日、サムスンは書類選考を経て、人性（人となり、人柄）と適性検査の後、そこから選抜された人材を対象に面接を強化している。そうして会社が望むイメージに合った、能力ある人材を選ぶのに総力を注いでいる。

サムスンに合う人材はサムスンが直接評価する

サムスンでは筆記試験の廃止後、TOEICなどの公認資格試験で英語の実力をみている。

また、それまで人性・適性検査として長い間実施してきたUK検査（面接を実施する前に、幅広い紙に書かれた簡単な数理問題を解かせるテスト）を廃止し、時代に合った新しい職務適性検査を開発して実施している。それがサムスン職務能力適性検査（SSAT : SamSung

Aptitude Test）だ。

実のところ、UK検査はずっと以前に日本で開発されたもので、とても単純な数字の羅列でできており、決められた時間内に指示に従ってそれらの数字を加え、要求される結果値を続けて記していく。この結果値から応募者の作業能力と基本的な結果パターンを分析し、個人の人となりと適性、そして職務能力をみるのである。

それまでは、サムスンに入社するには必ずこの検査を通過しなければならなかった。工場の生産・製造ラインの女子社員を採用するときも、一人残らずこの検査を適用してきた。いくら学校の成績が優秀で、優れた人でもUK検査の標準に達しなかったり、基準に合わないパターンが出たら、採用されなかった。

ところが、急変する企業環境と複雑化した様ざまな条件、そして知識情報化時代のデジタル化のなかで、時代に見合った新しい検査方法が必要になった。そうしたニーズをもとにサムスンは幾重にも徹底した実証研究、そして事前検証を経て、自ら職務能力適性検査、すなわちSSATを開発したのである。

SSATは試験ならざる試験とも言える。この検査では、サムスンで期待される職務を遂行できるか、そして職務に適応できるかを測定する。そのために、学力や断片的な知識よりは職群別に要求される一般的な能力と知覚能力、そして思考の柔軟性、創造性、状況判断能力などを総合的に測定する。

この検査は大きく二つに分けられる。一つは基礎的な能力を総合的にみる基礎能力検査（AI : Academic Intelligence）で、もう一つは職務能力検査（PI : Practical Intelligence）だ。基礎能力検査は言語力、推理力、注意力、知覚力など、サムスンの求める人材が備えるべき基本的な能力を総合的にみる。これに対し、職務能力検査はサムスンの組織のなかで実際に生じうる状況に対処する能力を測る。具体的には業務能力、対人関係能力、そして社会生活を営むのに必要な一般常識能力を重点的にみるのである。

いったん書類審査に合格し、ＳＳＡＴを通過すれば、全員がゼロからの再出発となる。出身校がどこで、成績がどれほどで、語学の点数がどうだったかなどということはまったく関係ない。

当落を決定する重要な面接のときは、身上明細書は少しも重視されない。それどころか、たいていは参考にすらされない。面接はいわゆる「ブラインド面接」（面接者に志願者の名前以外知らせずに行うやり方）に近い形で進められる。「**人材のよし悪しは学力にあるのではなく、個々人のもっている潜在能力にある**」というのがサムスンの人材観だ。こうしたところに人材採用に関するサムスンの他社とは異なる哲学と独特のノウハウが垣間見える。

サムスンにはおいそれと入れない

私はサムスンの人事担当者として18年近く人材を注意深く観察してきた。それによれば、一流大学を出たから、もしくは大学の成績が優秀だったからといって、仕事ができるというわけではない。その代わり、サムスンが求めている創造的な精神と情熱をもって挑戦すれば、確実な成果が上がるということがわかった。

サムスンは能力ある人材を発掘するのに大変な投資と情熱を注いでいる。短い時間に優れた人材を選び出すために、サムスンは自ら面接のノウハウを開発した。これは、多くの企業のベンチマーキングの対象となっている。

しかし、サムスンの書類選考システムや職務能力適性検査（ＳＳＡＴ）、面接システムは決しておいそれと通過できるものではない。サムスンの面接を終えてきた入社志望者は、大部分が悔しがる一方で、何が失敗したのかうまくつかめず、はしかにかかったようにぼうっとしており、サムスンの面接の巧みさと難しさを痛感している。

しかし、サムスンがこのような開かれた人材採用システムをとっているからこそ、一流学校出身でなくても、能力ある若者がサムスンに入るために今日も情熱を燃やしている。彼らは有為な友人をつくり、成功する入社戦略を研究し、様ざまな方法で面接訓練をする。このような徹底した準備をしながら、サムスンマンへの夢を育んでいるのである。そして、彼らはその夢をかなえるために挑んでいく。その挑戦は今日も続いている。

2　サムスンが選ぶ人材はここが違う

21世紀は個性の時代、創造の時代だ。したがって、組織の競争力はメンバーの個性と創造力によって左右される。独特な個性と才能にあふれる人こそ、大業を成し遂げることができる。

このように、大きなことができる力量と勇気のある人物がまさに人材中の人材、すなわち核心人材なのである。

ゴールドカラーが時代をリードする

今の時代をリードする核心人材にはどのような人物がいるのだろうか。例えば映画界の巨匠スピルバーグ監督、IT業界の皇帝ビル・ゲイツ、ファッション業界のゴッドファーザーのベルサーチらが挙げられるだろう。彼らは今日ブルーカラーやホワイトカラーに対して「ゴールドカラー」と呼ばれている。

ゴールドカラーとは頭脳と情報を黄金のように重んじる世代を象徴する言葉で、単純な反復作業よりは創造的な仕事で付加価値を生む人材を言う。デジタル時代の競争力の源はブルーカラーでもホワイトカラーでもない。ゴールドカラーこそが競争力の源泉なのだ。

サムスンが狙う核心的人材もゴールドカラーである。サムスンは無限の可能性をもつこうした人びとを熱心に探し、積極的に迎え入れる。具体的には、すでに社内にいる者を核心的な人材に育てるために、独特な人材育成システムを運営している。そして他方では、外部から人材を直接ハントして迎え入れる。こうして様ざまな手段で迎えられた核心的人材は、内部で育成されたのか、外部から迎え入れたのかにかかわりなく、サムスンの独特の人事管理システムによって管理される。

サムスンは核心的人材をS級、A級、H級に分類してしっかりと管理している。

①S級人材

高い潜在能力を持っているばかりでなく、実際の業務にも秀でた成果を上げ、グローバルな強い競争力を有する超特級（スーパー）核心的人材を言う。その処遇はたいていその企業のCEO級だが、なかにはそれ以上の場合もある。S級人材はCEOが直接管理責任を負い、関心と情熱を注ぐ。サムスンで最高の待遇を受ける人材たちだ。

②A級人材

S級人材よりはやや劣るが、やはり秀でた成果をもたらす高い能力をもつ人（エース）として事業を引っ張っていける人材を言う。ふつう役員級の処遇が基本で、そのやる気を引き出すために様ざまなインセンティブ（褒賞金や福利厚生の特権など）が提供される。事業部長級が彼らの管理責任を負い、特別にメンタリング管理システム（先輩が後輩にマンツーマンで知識や経験を伝授するシステム）をとって細心の支援と配慮を惜しまない。

③H級人材

まだ実際の成果で証明されてはいないが、未来のS級人材となりうる高い潜在能力（ハイ・ポテンシャル）をもつ人材を言う。彼らは準役員級に準ずる処遇と様ざまなインセンティブを提供される。彼らについては所属部署長が管理責任を負う。

コードが合う人材

核心的人材ともなればその企業が目指している人材像に合った人物で、企業の長期的な成長と発展に必要な技術と核心的な力量をもっていなければならない。とくに、その企業の風土や価値観にコードが合う人物でなければならない。コードが合わない人材はただ金銭的な鎖につながれて体と知識を売る傭兵にすぎない。

しかし、多くの企業は競って大変な投資をし、核心的な人材を集めているのに、なかなか満足するに足る人材を獲得できない。たいていは投資しただけの何かを早く引き出さなければならないと考えるあまり、人材をきちんと管理できず、せっかくの核心人材たちが単なる傭兵に成り下がってしまっている。そのような環境では、人材たちはすぐに幻滅を感じ、ためらわずによりよい処遇が受けられる所へ向かってしまう。

これに比べ、サムスンは核心的人材に対してより高い褒賞を支払うのはもちろん、彼らの力量にきちんとマッチした激励のための管理プログラムを提供する。また、会社の核心的な人力として誇りと気概をもって仕事に励むように細心の配慮を施している。とくに会社に息づいているビジョンと価値、企業文化にコードを合わせることができる人たち、すなわち「ライトピープル」になれるよう、戦略的な人材管理プログラムをとっている。

核心的人材こそが会社の現在と未来を左右する主《あるじ》であり、真のリーダーである。核心的人材を単なる傭兵に転落させてしまうのは大きな損失と言わざるを得ない。

3　去って行った人も必要とあれば再起用せよ

ある日、人事グループに至上命令が下った。非メモリー半導体研究開発分野の核心的人材・K研究員が会社を辞めるという情報が飛び交ったのである。大慌てでアンテナを張りめぐらせて確認すると、やはりK研究員は退職を決心し、悩んでいる最中だと言う。

当時人事部長だった私はすぐに作戦にとりかかった。まず偶然を装ったシナリオをつくって彼に接触した。会社帰りの道すがら、K研究員を自然な形で夕食に誘ったのである。静かな食堂に入って差し向かいになると、私は人事部長としてではなく、ただ兄と弟のように酒を酌み交わしたいと彼に伝えた。

核心的人材が去ろうとしているとき

そうして、それとなくK研究員に退職に関する話をもちかけてみた。彼は自分が辞めることを決意したばかりで、悩んでいるところなのに、どうしてこんなに早く人事部長が知るところとなったのかと、仰天した様子を見せた。

会社で核心的人材として認められているK研究員がどうして辞表を出そうと決心したのか。私はあれこれ考えてみた。会社で特別に管理しているのだから、経済的な保障や人事の面の支援は不足がないはずだ。それなら個人的な悩みでもあるのか、それともライバル社からスカウトの手が伸びたのだろうか。

ところがK研究員の話は意外に単純なものだった。職場の雰囲気が「息が詰まる」と言うのだ。定時に出勤し、時間になると昼飯を食べ、また時間になると退社する。そんななかでも定められたプロジェクトは推進しなければならないし、月間報告会、週間会議、開発会議、関係社協力会議、関連部署ジョイントミーティングなど、次から次へと会議に追われているから、大切な時間がどんどんなくなっていき、本当にやりたいことができなくて、ストレスがたまり過ぎたと言うのである。

K研究員は、自分は会社が求める開発の責任を負う研究員には違いないが、それにしても一個人としての自分の主体性を失ってしまうことが多すぎると訴えた。彼は仕事が嫌いなのではなく、上司が気に入らないのでもなく、年俸や処遇が足りないなどといった不満も抱いていなかった。ただ、サムスンという大企業の組織構造とそこから来る生理的なものが、自分の気持ちに合わないと言うのであった。

K研究員のあれこれの訴えに私はなるほどと思った。しかし、会社の仕組みにかかわる問題なので、はっきりした答えはしにくかった。K研究員の話に十分に共感を表して一緒に問題を解決していくことにしたが、それでも彼の決心は頑なだった。自分は根本的に大企業の研究員は性に合わず、ベンチャー企業の自由奔放ながらもスピーディな雰囲気が合う。彼はこのように言いつのった。

その後も何度か話し合ったし、他にもいくつかのルートで彼の退職を防ごうと努めた。しかし、結局K研究員は会社を去ってしまった。身辺整理をして去っていく日、私は会社でできることがあれば助けてあげたいと言って、彼と互いに別れを惜しんだものだった。

去ろうとする人を絶対に引き止めない?

その後、Ｋ研究員はソウルの良才洞《ヤンジェドン》のベンチャー団地に事務所を置き、大学の後輩３、４名を率いてベンチャーの社長に就いた。彼には、以前から自分の専攻分野を活かして必ず開発したいと思っていた半導体チップがあった。しかし、サムスンでは会社が他の製品の開発を優先していたので、手もつけられないでいた。それを開発していたのである。

私の家も良才洞だったので、訪ねてみると、彼はいかにも典型的な感じのベンチャー事務所をかまえていた。実験器具、計測器などがきちんと並べられている一方、机の上の書類はまるで整理されていない。また徹夜仕事が多いのか、簡易ベッドもあったし、ラーメンを煮炊きする鍋やコーヒーカップなどが雑然と散らばり、生活の匂いすら漂っていた。サムスン時代の整然とした職場とはまったく様変わりしていた。

しかし驚いたことに、彼は会社を辞めてから2年にもならないのに、サムスンでつくれなかった半導体チップを設計したと言う。ベンチャーの精神で死ぬ覚悟をもってやればできないことはない。私はその現実を目の当たりにさせられた。

会社の研究開発部署の役員にこれを知らせると、彼は「それは本当か」と言ってびっくり仰天した。聞けば、サムスンでもこの製品を開発しようとプロジェクトチームを動かしていたが、

10か月たっても、まだ雲をつかむばかりの状況だと言う。

その瞬間からサムスンのプロジェクトチームに対して非常宣言がかかった。この事態を迎え、人事部長としての私の悩みは一つや二つではなかった。なかでも最大の悩みは、この事実を知った社員がどう思うかということだった。遅かれ早かれ、サムスン中がこのことを知ってしまうだろうが、とくに研究員たちの反応が問題だ。前向きの刺激になればよいが、逆方向に働いたら大変なことになる。

「あの友人たちは大変な金をもうけているんだな！　我々は何だ？　我々も会社を出て独立しよう」

そうなれば、大変な動揺が起こるのは間違いない。

とにかく急いで対策を立てなければならなかった。悠長にやっている暇はないから、私はK研究員と談判する他に解決策がないと判断した。そして早速K研究員の事務所を訪ね、現在の彼の仲間を全員引き連れてサムスンに再入社するよう勧めた。私は、サムスンは彼が開発した製品に欲が出たのではないと強調した。そして、ここまで苦労してつくった新製品なのだから、すばらしい半導体チップに仕上げ、誰もが驚くような形で販売してこそ金がもうかるのではないかと説得したのである。また、Ｋ研究員がもっているインフラは設計の人力と技術しかないが、今後こうした事業をしていくには、生産、マーケティング、営業管理の支援など、あらゆる周辺のインフラが必要ではないかと説得していった。

Ｋ研究員も多くの部分で共感し、これを認め始めた。何よりも私は、サムスンは今彼が苦労をともにしている同僚たちと、現在使っている事務所といろいろな環境をそのまま認めてあげたいと約束した。それこそ小社長として認めてあげるから、サムスンの所属に戻り、ともにシナジーを生み出すために力を合わせていこうと勧めたのだ。

実力さえあれば三顧の礼をもってしても問題ではない

かつて、サムスンの人事政策は、一度サムスンを離れた人は再び受け入れないというのが慣例のようになっていた。一度組織を裏切って去った人はいつかはまた離れていくことになるから、再び組織への忠誠心を期待するのは難しいという理屈である。

しかし、ＩＭＦ危機のトンネルをくぐり抜けてからは、時代の流れに合わせて人事部門に革新が起こり始めた。新しい人材戦略が動き出し、サムスンを去った人も必要な人材はいつでも再起用できるようになった。

これまでのところ、管理支援分野の人材が再入社したケースはきわめて少ないが、それ以外の分野で必要な人材の再入社は活発に行われている。とくにR＆D（研究開発）分野の人材は再入社のケースが珍しくない。

一度去った人材でも、核心的人材なら無条件で丁重に遇し、三顧の礼をとってでも再び起用する。こうしたサムスンの人材確保戦略はあるいはプライドもないようにも思われるかも知れない。しかし、一度サムスンマンになった者は永遠にサムスンマンなのだから、まったく問題はないという自信のほうがこれに勝っている。とにかくサムスンが縦横に駆使している人材経営の柔軟性により、サムスンの底力はより輝きを増したのではないだろうか。

4　核心的人材を養成するサムスンの人材士官学校

ソウル郊外の龍仁《ヨンイン》には夢と希望の遊びの殿堂エバーランド（サムスンが経営する遊園地）がある。そのエバーランドには面白い遊びの広場があるばかりでなく、人材育成のメッカであるサムスン人力開発院、通称「サムスン士官学校」がある。エバーランドが人間と自然の調和、人間の夢と愛と希望を実現させてくれる夢の殿堂なら、サムスン士官学校はサムスンマンの夢が詰まった人材育成の殿堂である。

新入社員を核心的人材につくり上げる所

サムスン人力開発院はエバーランドの奥深くで、そのユニークな形とすばらしい偉容を誇っている。ここには独特な雰囲気を醸し出す二つの巨大な研修院がある。

一つはサムスングループの創業主である故李秉喆会長の号をとって「湖巌館《ホアムグアン》」と名づけら

れた研修院だ。赤いレンガと伝統様式の直線美を活かしたその建物は、華麗ながらも優雅な姿を誇っている。湖巌館はサムスングループが人材第一の旗印を掲げ、人材養成のメッカとして1982年に開いた。ここは設立当時から韓国最先端の施設を備えている。

ここには李秉喆会長の人材育成の哲学が込められた文章が鮮明に刻まれている。それは「企業はすなわち人間である」という言葉とともに、サムスンの人材経営の哲学を表明しているのだ。

> 国家と企業の将来がともに人によって左右されることは明白な真理である。この真理を地道に実践してきたサムスンが強力な組織として人材養成に引き続き主力を置くならば、サムスンは永遠であろう。……ここで輩出したサムスン人はこの国の国民の先導者となり、万邦に人類幸福のために必ず大きく貢献することであろう。
>
> 1982・6・24

一方、湖巌美術館と遊びの広場を過ぎて右に曲がると、雰囲気のよい一角に巧みに隠された、勇壮で華麗な研修院が堂々と目に入り、初めて目にした者に情熱と覇気を感じさせる。ここがサムスン人力開発院の本山であり、サムスングループの核心的人材を養成する「創造館」で、1991年に開館した。ここは湖巌館とともにサムスン人力開発院の象徴でもある。

重要なのは、この研修院が「創造館」と名づけられた理由だ。この名前に込められた意味が、サムスンの人材像とつながっているからである。

サムスンは新入社員を選抜するとき、成績よりも誠実さを基本とするとともに、進取の気象に富み、挑戦的、そして創造的な人材を好んで選ぶ。渋柿を精魂込めて甘柿にするように、まだ青い渋柿だが可能性を秘めた新入社員をサムスンが必要とする甘柿のような人材につくり上げるのだ。

教育が超一流企業をつくる

サムスンには、湖巌館と創造館をはじめとして合計12の研修施設がある。これらは韓国各地に設けられているが、そのなかでも京畿道の龍仁地域には湖巌館、創造館など主要な研修院が集中している。

サムスン人力開発院は1日に9350名も教育できる。つまり約1万名を収容できるということだ。同時に、合宿施設は3710名も収容できる。途方もない規模である。

すでにこれほど規模が大きいにもかかわらず、サムスン電子は自前の研修院をさらに増設する計画である。すでに特別プロジェクトチームが動き出し、推進中であるが、伝え聞くところによれば、創造館より1・5倍も大きくて勇壮な、最先端施設を備えた研修院だと言う。この新しい研修院は2008年に水原《スウォン》のサムスン団地に建てられた。この研修院が、サムスン電子の人材育成をさらにアップグレードしていくだろう。

サムスンは教育の施設と規模ばかりでなく、そのための大規模なソフトウェアもやはり世界最高である。正規の課程で進められる職級別教育課程はもちろん、生涯学習の概念による社内教育はオン・オフラインを通じて提供される。英語と日本語、中国語はもちろん、ほとんどすべての外国語を専門的に学ぶことができる。営業・マーケティング課程や、財務・会計・人事などの経営管理についての専門的な教育も行われている。とくに半導体、情報通信、情報技術（IT）など技術面の教育は最先端の施設とコンテンツが備えられている。この他にエチケット、漢字教育などの一般教養まで1000以上の様ざまな教育プログラムがある。

またサムスンの中心的企業・サムスン電子の研修院には、デジタル教育のメッカである先端技術センターと、国際経営教育のメッカである国際経営研究院がある。さらに、マーケティングの逸材を育て上げるグローバルマーケティング研修館もある。またサムスンリーダーシップセンターがあり、サムスンをサムスンらしく率いていくリーダーたちを養成するため、1年365日フル稼働している。こうしたなかでも、最先端の技術をリードするのにマッチした核心的人材を育てるサムスン工科大学が世間の注目を浴びている。

サムスン電子は、このようにあらゆる面での人材育成の努力を認められ、1999年11月、国際電気電子学会（IEEE）の企業教育部門の評価で、アジア圏の企業で初めて「世界最優秀人材養成企業」に選ばれ、人材育成のサムスンを全世界に改めて見せつけた。

サムスン人力開発院はサムスンという共同体の枠の中にある数多くのサムスンマンたちをサムスンマンらしく育てる役割を担う価値と知識の共有センターである。そして成果を生み出すためのセンターとしての重要な役割を果たしている。

サムスン人力開発院には院長がいない？

サムスン人力開発院の教育担当者たちの名刺にはサムスンのロゴとともに、「サムスングループ会長秘書室教育担当」という職名が印刷されている。グループの会長秘書室所属の教育担当ということで、彼らの位置は他の社員とは一線を画している。

サムスンの研修院が会長秘書室の直属の組織であることは、サムスンが教育をいかに重んじているかを実感させる。

ところで、皮肉にもサムスンの人材養成のメッカであるサムスン人力開発院には院長がいない。湖巌館を開館して以来、研修院の院長のポストがいつも空いている。その理由は何だろうか。適任者がいないのか。実は、これは象徴的な空席なのである。

院長は空席だが、副院長が実質的な院長の業務を担っている。これについては、様ざまな話が伝えられているが、先代の李秉喆会長が「人力開発院の院長は私だ」と言ったことがあると言われる。それで、公式にポストが与えられないまま、「グループの会長がすなわち人力開発院の院長である」という暗黙の合意が通用してきたのである。

企業の最も重要な部門である人材養成はグループ全体に責任を負う会長が引き受けねばならない。このサムスン特有の人材哲学が今日もこの空席を守っているのである。

5　超一流を目指す新入社員になれ

どきどきした入社の初日

1983年1月17日、私はサムスングループの公募採用23期で入社した。入社の初日、新入社員たちはサムスン本館に集合し、簡単なオリエンテーションを受けた。サムスン本館の国際会議室の大きな講堂に入るや否や、正面の壇上の大きな垂れ幕が目に入った。鮮やかなサムスンのロゴとともに1行のスローガンがすべての新入社員の心をときめかせた。

「サムスンはあなたたちを信じる。行こう、世界に！　未来に！」

「さすがサムスンだな！」私はこう考えながら、サムスンに入社したことを誇らしく思った。教育担当の指導先輩が壇上に上がって入社にともなういくつかの案内と、今日まで進められてきたサムスン総合研修院の新入社員入門教育について紹介した。この張《チャン》炯鈺《ヒョンオク》先輩は現在サムスン電子サービスの代表で、後日私の新入社員ＯＪＴ、すなわち現場トレーニング（On the Job Training）の指導先輩とメンター（１対１の師弟関係であるメンタリングの指導者。師匠の意）となって多くの好影響を与えてくれた。

サムスンで実施する入門教育の目的は、超一流に挑戦する新入社員を育成することだ。その教育目標は次の３つである。

第１に、サムスン人としての基本姿勢を確立する。
第２に、サムスンの経営理念を理解して新しいサムスンの文化を実践する。
第３に、価値を生み出すダイナミックな出発を誓う。

実のところ、新入社員の大部分は入門教育についてそれなりに噂を聞いており、心の準備をしていた。先輩たちから伝え聞いたところでは1か月も合宿するうえに、ひとことで言って海兵隊の訓練のように困難でしんどいという噂であった。

ところが教育担当の先輩の紹介はドラマのようにすばらしい内容で、興味津々たるものであった。それを聞くと、一度挑戦してみる価値のある立派な課程だという期待と、必ず成し遂げられるという自信感が十分に呼び起こされた。

最後にサムスン賛歌を学ぶことになったが、その一節一節が胸にじんときて、心の琴線に触れ、思う存分声を上げて歌った。その瞬間にサムスンマンとなってしまう、そんな瞬間でもあった。

オリエンテーションを終えた新入社員たちは秩序整然としてバスに乗り、指導先輩の親切な案内を受けながら、ときめく気持ちで龍仁の湖巌館に向かった。

湖巌館での入所式はサムスンマンとして誇りをもち、第一歩を力強く踏みしめるという厳粛な儀式だった。入所式の後、すぐに新しい夢と希望が育つように印象深い特講が続いた。それは、大学生活でもまったく聞いたことがない名講義だった。

課程の紹介を受け、全体的な教育の日程表を見ると、毎日午前5時50分に起床し、夜10時までぎっしり詰まった日程が組まれていた。初日は特別に自画像を通じた自己紹介とともに、自治会が組織された。ここで進められるすべての教育活動が自治会を中心にチームワークをもつように組まれていた。研修院の初めての夜はこのようにして終わった。

①第1週目の入門教育

第1週目の教育はサラリーマンとしての基本的な心構えと挑戦意識の涵養《かんよう》に焦点を合わせて進められた。サムスン体操を学ぶことから始まり、組織員として必要なチームワーク訓練を集中的に受け、きちんとした職業観の確立やサムスンマンとして必ず守らねばならない礼儀の訓練も大変厳しく受けた。伝統的な礼節、あいさつの礼儀、電話の応対、顧客の応対、受命と報告、国際マナー、人間関係訓練など様ざまなプログラムが進められた。合わせて、服装の礼節はもちろん、適切なワイシャツの長さ、ネクタイの締め方から、酒の飲み方、テーブルマナーなど、基本的なビジネスマナーをすべて教わった。

1週目の教育では、基本的な礼節が体に染みわたるほど訓練された。理論教育ではない、徹底した体験式教育が進められた。一つのことを学ぶのにも、自分自身のものとして完全に消化し、行動できてこそ、次に進むことができた。これはサムスンマンとして学ばなければならない品性であり、規則を完全に体得させるためのものだった。

②第2週目の入門教育

第2週目はサムスンの挑戦と開拓の歴史、そしてサムスン精神と経営哲学について集中的に教育を受けた。サムスンの人事制度と、人材育成体系についての教育を受け、サムスンについてのはっきりしたビジョンも強く心に刻まれた。サムスンマンとしての意識改革教育が徹底して進められる期間だった。

そして問題解決のためのプロセス実習、創造力訓練、MATと呼ばれる限界力訓練が続けられたが、これらは今でも記憶に残っている厳しい訓練だった。様ざまなプログラムのチャレンジャーコース、チームワークを統括するプログラム、限界力訓練などが進められるが、最も重視されるのはチームワークだ。徹底してチームワークを基礎にし、一人の落伍者も出さないように互いに激励し応援するうちに、自然に所属感と同僚愛をもつようになるのだ。

③第3週目の入門教育

第3週目の教育はボランティア活動をはじめとする様ざまなテーマで構成されていた。とくに新入社員にサムスングループの家族意識を刻み込み、一体感を培うための重要な職場の現場見学が行われた。

新入社員たちはグループ各社の主な職場を見学しながら、現場の勇壮な姿と、他の追随を許さない驚くべき技術力、そして誇るべき先輩たちの働く姿を心に刻み、サムスンマンとしての誇りを感じられる。こうした有意義なプログラムが進められた。

④第4週目の入門教育

第4週目のプログラムは入門教育のまとめの週で、サムスンの経営観の教育と、先輩たちとの対話、明日のための誓い、人生設計、家庭の管理などからなっていた。また、サムスンが韓国の国民的企業として経済に及ぼす影響など、大企業の役割、サムスンがもつ競争力の源などについて集中的な教育を受けた。それも、一方的な注入式教育ではなく、徹底した討論の形で進められた。また、海外の調査員の経験をもつ先輩たちとの虚心坦懐《きょしんたんかい》な対話を通じ、自らのビジョンを育む時間も設けられた。

こうした課程を通じて新入社員たちの姿は見違えるように変わっていった。顔の表情はもちろん、何よりも意識が変わったのだ。まさしくサムスンマンの顔になっていったのである。最後に行われる入門教育の白眉は「クリピアード」だ。クリピアードは「クリエイティブ＋オリンピアード」の合成語で、新入社員たちの創造力を競う大会だ。チーム別に新製品を構想してその模型をつくり、広告、マーケティングまで行う。そこでは、文字通り無限の想像力と目を見張るアイデアのすばらしい作品群を見ることができた。新入社員たちは互いの作品に自然と嘆声を漏らさずにはいられなかった。

サムスンマンのパワー、ここにあり

サムスンの力とは何か。サムスンの入門教育は、すべてが絶妙に戦略的、体系的でありながら、様ざまなものが見事に交じり合って心から感動させる。それこそがサムスンの途方もないパワーの源である。サムスンマンの正しい姿勢、そして他に類を見ない愛社心の源泉は、入社1か月で人を変えてしまうサムスン特有の人材育成システムなのだ。

入門教育の課程中、面白いエピソードがあった。ぎっしり詰まった日程をこなし、疲れきって1日が終わる夕暮れどきだった。しばし心安らぐ休息の時間となり、テレビを見ていると、ちょうど野球中継でサムスンライオンズと他チームの試合が佳境にさしかかっていた。当時の韓国プロ野球は、地域フランチャイズ制度により、ファンが地域別に分かれて熱烈な声援を送っていた。

だからそのときも、テレビを見ていた新入社員たちは二手に分かれて応援合戦を始めた。慶尚北道大邱《テグ》出身のライオンズファンと、相手チームを応援するそのチームの地域出身のファンはにわかに敵と味方になって必死に応援合戦に熱を上げたのだ。

それが、どうしたことか、グループの入門教育の3週目が終わってからは新入社員全員がサムスンを熱烈に応援しているではないか。

自分の故郷のチームとサムスンライオンズが戦っているのに、いささかも迷わずサムスンに熱を入れて応援するようになったのだ。これを見て、私はサムスンの教育の魔法の力に改めて驚かざるを得なかった。もちろん私も同じくサムスンマンのコースに乗ったのだ。

6　サムスンの教育担当者は一味違う

サムスンは人材経営で成功している。そしてそのサムスンをサムスンらしくつくり上げていく人材経営の核心はそのユニークな人材育成戦略だ。そして人材育成戦略を主導して人材のサムスンを輝かしくつくり上げていく主役が、他ならぬサムスンの教育担当者たちだ。彼らは果たしてどのような人たちなのだろうか。そしてどのような役割を果たしているのだろうか。

サムスンの教育担当者は「スピリチュアルリーダー」だ

サムスンの教育担当者たちはサムスンの経営理念と中心的な価値を伝え広める最前線に立っている。いわばその企業文化（社風）の伝道師である。彼らの言葉と立ち居振る舞いはまさしくサムスンが共有する価値観であり、信念であり、哲学である。だから、サムスンの人材像を一番確実に知るには、サムスンの教育担当者に会ってみればよい。彼らの姿、言葉と行動のなかにその答えが込められている。そして彼らはサムスンマンという自負心が誰よりも強いということがわかる。

私がサムスンに入社した当時だから、20年前のことになる。そのとき、初めて会った教育担当者たちのカッコよい姿が今でも脳裡に鮮明に焼きついている。ひとことで言って、「わあ！サムスンマンとはまさしくああいうものなのだ」と感嘆せずにはいられなかった。端正でありながらも洗練されたマナー、好感のもてる清潔な服装と容貌、自信あふれる態度、そして人の気持ちをつかむ流暢な話しぶり、会社に対する人並み外れた愛情。

そうした魅力に感化されたことが傍目にも明らかだったのか、私は入門コースを終えた後、教育関係の部署に配属された。期待していた企業に入社して第一歩を踏みしめたせいか、正直いって当時はいささか不安もあった。新入社員の頃、そんな私に勇気と人並み外れたビジョンをもたせてくれた教育担当の指導先輩の言葉と行動は、今でも精神的な支えとなっている。

サムスンの教育担当者は「プロデューサー」だ

彼らはプロデューサーのように総合芸術を創造する。教育課程を企画し、課程をデザインし、コンテンツをつくり上げて演出する。教育課程の内容をしっかり消化して教える有能な講師を選抜し、課程全体をモニターしながら、研修生たちの変化と成果をつぶさに観察する。そして教育の成果についての絶えざるフィードバックを通じて教育課程を見事に整え、最上の人気ある名講座につくり上げていく。したがって教育担当者たちはひとことで言ってプロ精神をもったプロデューサーと言える。彼らは人から何と言われようと、自分がつくった作品に大きな誇りを抱いている。

彼らは教育全般にわたる幅広い知識と経営マインドで武装しており、全体的な森を見る目がある一方、それぞれ格段に得意な関心分野を一つずつもっている。そして、その水準は単なる関心という程度のものではなく、その道の博士号をもった者と肩を並べるほどの専門家なのである。専門の講師レベルの講義ができる実力があるということだ。

サムスンに招かれて講義をしたことのある講師たちは誰でも、彼らを招いたサムスンの教育担当者たちの徹底した事前準備と、講師を迎えるきちんとした礼儀に感嘆する。教育担当者はまず電話で講義のスケジュールを確認し、講義の要請をした後、すぐに丁重な講義要請書を送る。教育課程のなかでの講義全体の情報と、要請の背景、そして講義のときに強調すべき中心的な内容についてのガイドを詳しく提示するのである。こういうとき、サムスン以外のたいていの企業は、講師が講義の細目を提示すると無条件でこれを認め、「いい講義をお願いします。ご自由になさってください」と無責任なやり方で講義を要請する。つまり、講師に丸投げするということだ。サムスンのやり方はこうした一般の企業とは質的に異なる。

いよいよ教育の当日になると、講師を気持ちよく教育の場まで迎えるために、会社のＶＩＰ用最高級乗用車で迎えに行く。車から降りると必ず教育担当者が待っており、車のドアを開け、教育進行室に丁重に案内する。そうして研修生について詳しい情報と雰囲気などを話しながら、参考となる主な現況をあらかじめ知らせる。講師は細心の配慮や、教室の完璧に備えられたモニタリングシステムなどに驚かずにはいられない。

一般企業の教育担当者たちは講義が始まると、講師のプロフィールを簡単に紹介した後、大部分は外に出てしまうが、サムスンの担当者は誰でも一番後ろに座って講義をじっと聞きながら、教室の雰囲気をいちいちチェックする。講義内容と研修生たちの反応を確認するのだ。もちろん、こうしたなかでもモニタリングシステムによって講義内容が余すところなく録画される。こうした作業を通じて教育担当者たちの貴重な学習資料として残すのである。

事実、これらすべてが細部にわたってマニュアル化されており、このマニュアルにのっとって徹底的に準備するのが常日頃の習慣となっている。しかし、これらも自然にできてきたのではない。先輩から徹底的に訓練され、最高の専門家として身についたのである。このため、サムスンの教育担当者たちの誇りと自負心は尋常ではない。韓国で最高なのはもちろん、世界でもまったくひけをとらないＨＲＤ（人材開発）の専門家を自負している。

サムスンの教育担当者たちは外国の教育プログラムを好んで選んだりはしない。多くの企業は外国の優秀なＨＲＤ専門企業が開発したパッケージプログラムを流行のように取り入れ、そのまま活用している。もちろん高い導入費用とロイヤリティ（使用権料）を払っての話だ。

しかし、サムスンの教育担当者たちは他人がいくらよいと言っても、それをほとんど導入したことがない。自分たちが十分にしっかりと検討し、独特なアイデアや創造的な内容が目にとまれば、その内容を十分に消化した後、よりよいアイデアを新しく生み出す。そうして韓国の風土、そして韓国的な情緒に合い、独特なサムスンの企業文化にふさわしい特別な教育プログラムをつくり出すのである。

そして、自分たちが懸命に勉強し、研究してつくり出したこれらの教育課程は、サムスンのもう１つの商品として魅力的にデザインしてパッケージする。そして会社を挙げて宣伝し、他社にも売り込む。有能なセールスマンが品物を売るように、熱心に広報し、教育課程をセールスするのである。そしてその一方では感動的なドラマをつくり、演出する。その姿はまさしくプロデューサーのようである。

サムスンの教育担当者は「コーチングリーダー」だ

オーケストラの演奏をみると、我こそはという最高の専門家が集まって美しい音楽をつむぎ出す。そのなかで、指揮者はただそこにいれば指揮者なのではない。また指揮棒さえ手にしていれば、誰でも指揮できるものではない。音楽についての全般的な知識と力量がなければならないのはもちろん、指揮者としての基本的な資質がなければならない。

指揮者が他の音楽専門家と違う点はまさしくここにある。指揮者はそれぞれ異なる性向の演奏者、異なる経歴と能力をもったメンバーたち、そして何よりも違う楽器を通じて固有の音色を出す人たちを動かす。にもかかわらず、彼らの様ざまな音色を認めて受け入れる。そしてかばってやり、抱いてやる。また激励して賞賛する。

こうしていわば森全体を見るやり方で、指揮者は自分なりの創造的な色合いをつけながら、音楽をつむぎ出していくのである。だから、指揮者はリーダーシップが必要だ。カリスマ的なリーダーシップも必要だが、とくにコーチングリーダーシップが必要なのだ。コーチングリーダーシップを発揮できない指揮者は失格である。

指揮者のリーダーシップを基礎に、独特で多様な色合いの音律を集めてハーモニーをつむぎ出すとき、初めてすばらしい作品が生まれ出る。ところで、オーケストラは数十名の団員たちがそれぞれ異なる楽器を通じて独特な音色を出すが、オーケストラを率いている指揮者は絶対に自分の声を出さない。心で音を出し、顔の表情でそれを伝える。そして全身で、ともすれば徹底した体の形で声を出していると言えるかも知れない。震える指先の指揮棒で団員たちと対話しながら、聴衆とともに呼吸しているのだ。

このオーケストラの指揮者と同じく、教育担当者は自分が本当に出したい声をあえて出さない。ファシリテイター（世話人）に徹し、すべての解答を教えるより、研修生自ら中身を取り出せるように助けてあげる。すなわちコーチングリーダーシップを発揮しているのだ。

サムスンの教育担当者は「チアリーダー」だ

サムスンの教育担当者は希望を与え、自信をもたせる。そうして人びとを感動させ、夢中にさせるような人をつくり出すのだ。

世の中をつくるのは「理性」である。しかし、その世の中を動かすのは「感性」である。サムスンの教育担当者は頭がいいだけではなく、とびきり感性が優れている。客席の観衆を感動させ、唸らせるためには、俳優自らが先んじて感動し、涙しなければならない。そのことをよく知っているのだ。

そのために、彼らはまず変化の必要性を心で感じながら、その先頭に立ち、変化と革新をリードする。その姿はまるでグラウンドで人びとを一糸乱れず動かし、声を出させ、ほがらかに笑わせるチアリーダーのようだ。

教育は「創造的な公演」である。そして「遊びの商品化」の過程であり、「文化の商品」でもある。人びとは最も人間らしいときに遊ぶし、遊んでいるときに最も人間らしい。遊びは我を忘れるほど楽しく、自発的である。教育も興に乗って楽しまなければならない。遊びのように自発的でなければならない。そして、この遊びが文化を創出し、教育を創造する。このような哲学を心で感じているために、サムスンの教育担当者たちは楽しく遊ぶこともできる。そして競技場のチアリーダーが興に乗って舞うように全身で語るのだ。

サムスンの教育担当者は「パフォーマンスコンサルタント」だ

企業教育の究極目標は個々人と組織の成長だ。したがって、頭と心で理解し、感じるだけで終わってはならない。はっきりしているのは、結果を出さなければならないということだ。現場の成果を高められない教育はただの浪費にすぎない。

サムスンの教育担当者たちはパフォーマンスコンサルタントという意識が強いために、教育の場を企画する段階から、目的と目標を明らかにする。そして成果につながる教育の場をつくり上げるために、現場の豊富な成功例と失敗例、ベストプラクティス（最高の実践例）を基礎に生きた知識を現場に伝え、それが具体的な成果につながるように準備する。より時間がかかり、予算がより多く必要になっても、そうするのである。

サムスンが教育に投資する年間予算は実に大きなものである。しかしサムスンは予算がいくらかかっても、「費用」とは考えない。教育のために使う金は未来のための投資だと、サムスンは考えている。

このような信念で、サムスンの教育担当者たちは常に新しい知識と情報への好奇心と探求の姿勢をもって、たえず学習を続けている。

第4章　サムスンは取り残された人もマネジメントする

1　頭の痛い人を扱うサムスンマンの特別ノウハウ

組織にはいろいろな人が集まっている

いかなる組織であれ、すべての人が核心となる人材であるはずはない。そしてすべての人がそうした人材である必要もない。もしすべての人がそれぞれしっかりした中心となる力をもつ人材だったら、組織はかえって組織としてのシナジーを創出するのが難しくなるかも知れない。自己主張があまりに強いと、メンバーの間で対立と不信が大きくふくれ上がることがある。だから1人が我を通すのではなく、組織にはそれなりの多様性も必要であり、先輩と後輩の関係だとか、職級の高さ低さの関係など適切な調和が必要だ。

また、組織は生きて動いている有機体なので、構成員たちの自然な循環が必要だ。様ざまな経歴をうまく調整するために異動も必要であり、昇進を通じた配置転換も起きる。定年退職や名誉退職、または新しい働き場所を探して自分から職場を移る人も自然に出てくる。

そうかと思うと、絶えず新しいメンバーが新風を吹き込む。このように、いつも生き生きと動くのが健康な組織なのだ。

ところがどのような組織であれ、組織のビジョンやミッションなどにコードを合わせることができず、他のメンバーたちともうまくやれず、調和をとれない人たちがいる。また自分の業務にうまく適応できず、能力を発揮できないまま、不平不満で組織の雰囲気を壊し、事故ばかり起こす頭痛の種になる人もいる。

無能でそうなることもあり、周囲や自分の身の上に何か問題があることもある。急に健康状態が悪くなったとか、家庭や他の所で神経を使って悩んでそうなることもある。上司や同僚との間で、もしくは後輩との関係においていろいろな要因で深刻な対立を経験し、そのせいで心の病にかかることもある。またマンネリズムに陥り、意欲を失ってしまうこともある。こうした場合、その人をどのように扱わなければならないのだろうか。

取り残された人を管理するサムスンマンの対処法

サムスンがいくら見事な人事システムを備えていると言っても、優れた人材の一方で取り残される人が出てくるのは仕方のないことだ。いずれにしても、相対的な競争体制なのだから、20対80の法則（ここでは成果の80パーセントが20パーセントの優秀な職員によって生み出されるということ）が働き、そのなかでいい加減に仕事をする「適当主義者」も生まれるし、落伍者も出てくる。

しかし、サムスンでは適当主義者と取り残された人をそのまま見捨てたりはしない。**「一度サムスンマンになったら永遠にサムスンマンである」**という原則のもと、絶えずコーチングしながら指導する。

新入社員は最初の教育課程が終わると、現場の各部署に配置され、ここから本格的な指導が始まる。すなわち先輩からの1対1でのOJT（On the Job Training）教育課程がなされるのだ。これは長い伝統ある師弟関係で、一種の徒弟制度と言ってもよい。いわゆるメンタリングシステムが動き出すのである（メンタリングシステムとは、先輩が後輩にマンツーマンで知識や経験を伝授するシステム）。

ＯＪＴの指導先輩は直属の上司ではない。したがって人事考課の権限もなく、昇進や昇格に影響力を発揮する評価権者でもない。ただ、職務関連の熟練した先輩で、職場生活を一から十まで経験し、職場で成功するノウハウを体得した先輩としてメンター（師匠）となって引っ張ってくれるのである。

新入社員たちの立場からみれば、直接の上司はあまりにも重苦しい。いくらろくでもない上司だと言っても、とにかく上司は上司だ。だが、指導先輩はただの先輩だ。故郷の兄さんのような先輩なのである。

メンタリングでは上司より指導先輩の方がよい

就職ポータルサイトを運営するスカウトが調査した面白いデータがある。サラリーマン５８４２名を対象に「人事権が与えられたとき、最も先に首を切りたい者は誰か」と質問したのだ。これに対し、47%が「直属の上司」と答えている。そして2位は「社長」で38%、その次が「同僚」（9%）、「後任」（5%）と続く。

また、私はもう一つ有意義なサイトを調べてみた。これによれば、「生活の悩みを誰に相談するか」という質問に大部分が「親しい友達」（46%）と答え、これに「職場の同僚」（24%）、「配偶者・恋人」（21%）が続き、「職場の上司」はわずか4%にすぎなかった。

サラリーマンと上司の関係があまりにも生々しく表現されたデータと言わざるを得ない。職場の上司からいかに多くのストレスを受けているかを窺い知ることができ、上司は職場生活の悩みを打ち明けて相談できる相手にはなれないということがはっきりとわかる。

しかし、指導先輩はそうではない。職務関連の知識を伝授するのはもちろん、スキルを訓練し、ノウハウを伝授する役割を果たしてくれる。そして、さらに重要な役割がある。言うまでもなく、指導する後輩が職場生活をうまくやっていけるよう、生活指導するのである。

上司との関係をはじめ、先輩・後輩、そして同僚たちとの人間関係に関する現実的なノウハウから部署内でどのように振る舞うべきか、さらにはチームワークのために努めなければならない仔細な事項まで伝授してくれる。他の部署との協力と支援の問題も重視するし、特別に顧客満足のためのサービスとネットワークのノウハウも伝授してくれる。生活全般にわたる基本的な礼儀作法はもちろん、果ては酒の飲み方や生活態度についてまで教えてくれる。

私がコーチングした「5分前」の後輩

実際に私が指導した後輩がいるが、彼はあだ名を「５分前」と言った。見た目はこざっぱりしており、どちらかと言えば美男の方に入る頭のいい後輩だったが、歩くとき、いつも頭がこちらから見て左に傾いているのが、欠点と言えば欠点だった。ただ座って話し合っているときや仕事をしているときは、頭の位置がまっすぐで自然だった。ところが歩くときになると必ず頭が右に傾くのだった。時計の針にたとえると、いつも正確に55分を指していたために「５分前」と呼ばれるようになったのである。

彼自身は頭を傾けることについて、別に不自然でもなく、よくわからないと言って深刻に考えていなかったが、指導する立場の私としてはまったく気に入らず、どうしてもきちんとしてあげたいと悩むようになった。

まずこの後輩がどうしてこうなったかをじっくり考えてみたが、原因がわからなかった。一緒に歩くとき、いつも何か特徴がないか探して気が気でなかった。

私は自然に彼の中・高校、大学時代をあれこれ尋ねるようになり、中・高校までの通学の道がかなり遠かったということがわかった。私も中・高校まで8キロ以上の道のりを通学したので、彼の気持ちがよくわかった。この話を聞くと、彼が重い鞄をかついでいるうちに、そういうクセができたのではないかという気がした。

その後、まさしくその後輩が右手で鞄をかついで通ったためにできたクセだということがわかった。彼はいつも右手で鞄をもって歩く習慣があったが、右手に何かをもてば自然に首が少し左に傾くのである。現在のクセはその反動だった。

結局、問題の原因がわかった後は書類1枚でも左手でもつようにさせた。クセを直すのは一朝一夕にはできない。それがわからないわけではないが、本当に多くの時間と根気が必要だった。しかし、それから1年ほどすると、このクセは消えてなくなった。驚くべきことだった。それでも、今もこの後輩に会うと「おい、5分前！」と呼んでいる。

日課の職務についてのノウハウは、時が経てば誰でも自然に体得できる。結局、時間が解決してくれるが、会社生活の成否を左右する全般的な生活指導がうまくいかなければ、職場生活が面白くなくなり、ストレスばかりがたまっていくようになる。そうなると、まわりの人からいじめを受け、不適合者に転落してしまう。

後輩に誇りを育んであげよう

指導先輩に与えられた重要な任務は、後輩の社員に正しい価値観を注ぎ込み、職場に対する誇りを高め、自ら楽しんで仕事ができるように動機づけしてあげることだ。

サムスンが運営しているインセンティブ型褒賞方式は明らかに刺激的で、優れた効果のある制度には違いない。しかし、組織のメンバー自らの意思と情熱がなければ、この制度は形だけのものに感じられてしまうだろう。

会社では、メンバーはたえず同僚と善意の競争をするようになる。競争で押し出されたり、自分の利害関係に助けにならないと判断されれば、仕事と組織に情熱を注ぐことに興味がなくなっていかざるを得ない。

それで、指導先輩たちは後輩をコーチングし、会社、そして身を置いている組織、さらには自分がやっている仕事に対して自負心をもたせる。

相談者としての役割を通じて後輩社員の喜怒哀楽をともに分かち合うことができる精神的な支えとなって激励してあげる。生活のコーチングを通じて失敗を恐れないように勇気を呼び起こしてやり、いつも自信をもって挑戦するようにしてあげる。そして正しい価値観をもつようにいつも支援しながら、果てしない海への憧れを育ててあげる。

もしあなたが船をつくりたいと思ったなら……

仕事を指示し

仕事を分けてあげようとはするな

彼らに……

果てしない海への

憧れを育ててあげよう

サン・テグジュペリ

取り残された人びとを扱うもう1つの方法

サムスンが不振の人びとを扱うもう1つの方法は、人事管理制度による積極的な方法だ。サムスンは成果管理型の評価システムで毎月1回以上の成果管理のためのコーチング面談を行っている。このとき、成果が振るわない人たちの真剣な相談が行われる。

そして1年に1度ずつ行われる自己申告制度によって本人の職務への満足度の自己チェックと、1年間の職務の進行を元に自分の功績と失敗を詳しく書き留めるようになっている。

そのうえで、自分がしたい職務と経歴管理のための部署の配置転換の希望、そして自己啓発のための具体的な上司の支援要請事項などを整理して、上司との面談時に提出させるようになっている。

こうした自己申告制度と成果管理によるコーチング面談システムにより、不振な人びとの様ざまな状況をつかむことができ、彼らのための特別な処置が講じられる。例えば、職務替えを通じて動機づけをしようとしたり、職務能力向上のための特別な教育課程を通じて力量を高めさせようとしたりもする。そうかと思うと、特別なプロジェクトチームに配属させて雰囲気を変えたり、本人の希望を最大限考慮して部署や組織を替えてあげたりする。

にもかかわらず、心機一転できない人びとは冷徹な人事評価を受けるしかない。要するに低い考課を下されるのだ。それはそのまま年俸に反映され、自分の年俸が相対的に減らされる。年俸が減らされれば、自尊心がとても傷つけられる。年俸が下がると昇格ポイントも下がるので、昇格の年限が遅れていく。そうなると、後輩たちが先に昇進していくという不幸に見舞われ、進路の問題に深刻に悩むことにもなる。

2　サムスンが育てる人材、見捨てる人材

サムスンはこういう人材を育てる

- 経営環境に敏感で、変化と革新をリードする
- 内外の環境の変化に対する情報把握能力が優れている
- 森を見る視角をもっており、経営感覚が優れている
- 個人よりも組織の観点で業務を遂行する
- 情報を積極的に共有し、社内の意思疎通に助けを与える
- 関連する知識を互いに結びつけ、創造的なアイデアを創出する
- 業務遂行と人間関係で、同僚と積極的に協力する
- 職場生活や業務処理のとき、他の模範となる
- 業務に関連した専門知識や能力はもちろん、多様な幅広い知識をもっている
- 柔軟な思考と円満な対人関係をもっている
- 信頼されるように行動し、開放的で正直な態度をもっている
- 挑戦意識と達成の動機が強い
- 勝負師的な気質を発揮して目標を達成する
- 自分の主張を他人に論理的に説明し、話し合いで目的を達成する

- 与えられた状況に対し、問題点を探し出し、これを解決する能力がある
- 業務に活用する外国語に習熟し、効果的に意思疎通ができる
- 合理的な意思決定能力が優れており、推進力が強い
- グローバルマインドをもっており、国際的な感覚とマナーを備えている
- 価値観がはっきりし、組織に対する忠誠心が強い
- 誠実で何ごとにも率先垂範する
- 革新的で創造的なアイデアが多い
- プロ意識が強く、成果を示す
- ビジョンの提示と動機づけの能力に優れている
- 柔軟な思考、肯定的な態度、前向きの気持ちをもっている
- たゆまぬ自己啓発を通じて業務と関連する創造性を発揮している
- 卓越したリーダーシップを発揮し、組織のシナジー（相乗効果）を創出する
- 人材を尊重し、人材育成に情熱を傾けている
- 人間味があり、まわりの人びとから尊敬される

サムスンはこんな人間を見捨てる

- 業務と対人関係に倫理性と責任性がない
- 問題が起きたとき、他人に責任を転嫁し、自分はそこから逃げ出そうとする
- 保守的な心構えで、変化を恐れ、避けようとする
- 何ごとにも否定的な見方が強く、不平不満が強い
- 組織の観点で業務を遂行せず、個人の観点で働く
- 目標意識と達成意欲がない
- 独りよがりで情報を共有しようとしない
- 道徳的不感症で、組織の規律と秩序を無視する
- 人間関係が好ましくなく、他人の足を引っ張る
- 不義と妥協し、組織に害を与える
- 怠け性で優柔不断で仕事に対してけじめをつけられない

- 自己主張があまりに強く、他人の話を聞かない
- 自己啓発がおろそかで、職務知識と全般的な力量がきわめて低い
- まわりの人に信頼されず、のけ者にされる
- 愛社心が足りず、組織の風土になじめない
- 特別に秀でたものがなく、成果がない
- 飲酒・歌舞などに溺れて自己コントロールができない

エピローグ

新しい人材経営のために

企業はすなわち人間であり、企業の成功は人間を通じてなされる。しかし現実には、大部分の企業は競って優秀な人材を確保するために血眼になり、人材の確保だけに汲々とするばかりで、彼らを戦略的に育て上げて活用するのにはあまりにも不十分だ。

企業は、人材の確保から適材適所の配置、活用、評価、褒賞、育成に至るまでのすべての過程が有機的な戦略システムになっていなければならない。そうしてこそ、組織のメンバーが使命感をもち、興に乗って働くことができる環境と雰囲気がつくられ、人材が自分の能力を心ゆくまで発揮できるのだ。

このようなシステムとインフラを通じ、優秀な人材たちが適材適所で仕事を遂行でき、自分の仕事をまるで趣味のように楽しみ、達成感を味わうことができなければならない。そうしたなかでこそ、メンバーたちが互いを尊ぶ家族的な関係のなかで、心身をことごとく捧げるほど興が乗って働くことができる。これこそ韓国的な人的資源管理であり、人材経営だと、私は確信する。

サムスンの人材経営の核心には、徹底した成果主義の人事が貫徹されている。「成果あるところに褒賞あり」という原則のなかに、人事管理の様ざまな戦略が動いている。これまで、サムスンが人材経営を最も重要な軸として成長をもたらしたことは、誰も否定できない。

しかし今、サムスンの組織を第三者の立場で冷静に振り返ってみれば、かつてに比べ、組織の文化がかなり色あせているということがたやすくわかる。

徹底した成果主義の人事が行われているので、メンバーたちは互いに競争者である他ない。そのため、何が何でも他人より先んじなければならないということになる。その結果、必ず同僚より先に立たねばならず、同僚たちをのけ者にできなければ、取り残されてしまうしかない。そうした非情な現実のなかで生きているのだ。毎日が競争だから、職場は殺伐たる戦場という考えをぬぐえない。

もちろんこうした競争で生じる副作用を補い、メンバーのチームワークを培うための制度も用意されてはいる。しかし、いずれにしても食うか食われるかの競争関係のなかで、ポストと成果をめぐる争いが激化するしかない根本的な競争の構造がある。そのため、人間中心よりは仕事中心の冷酷な雰囲気が澎湃《ほうはい》とし、個人中心主義が度を越しているようである。

サムスン人力開発研究院を中心に系列各社の教育部署は、このような構造的な問題を解決するために心を砕いているが、これまで根本的な解決策は出ていない。

李会長の新経営宣言は新しい人事制度の強力な施行など、今日の成果を達するのに決定的な動機づけとなった。しかし急変するデジタル環境と、たえ間なく競争するしかない時代には、人材経営の新しいパラダイム（考え方の枠組み）が必要だ。人事管理の全般的なコンセプトが変わらなければならない。

組織の生理もそうである。人間関係の問題は、デジタルの原理のように1でなければ0と、すべてが明快に解決されるものではけっしてない。新しい時代の価値観の変化も大きな問題である。社会全般に広がっているウェルビーイング文化（人間的な生活の質を重視する文化）の勢いのある波にも尋常ならざるものがある。

サムスンがこれまでの成果を飛び越え、さらにもう一段階跳躍するためには、家族型人材経営の成果を戦略的に取り入れ、強く新しいシナジー（相乗効果）を創出しなければならないだろう。

米国の『フォーチュン』誌が毎年発表している「働くのに最もよいフォーチュン１００大企業（100 Best Companies to Work for in America）」の核心的なキーワードは信頼（Trust）、自負心（Pride）、興味（Fun）だった。

偉大な職場１００傑のなかに堂々と座を占めている企業のうち、代表的な超一流企業を分析してみると、家族型人事管理の哲学がすでに彼らの中心になっていることがわかる。徹底した個人主義、成果主義の文化が中心の米国でも、すでに家族型人材経営が根を下ろしている。韓国の企業も家族型人材経営をできない理由はまったくない。そのうえ、韓国の代表的企業であるサムスンができない理由がどこにあるだろうか！

サムスンで長い間人事業務に携わり、経験を重ねてきて、その内情をあまりにもよく知っているサムスンマンとして、この間サムスンの枠から出て多くの企業の人事コンサルタントをしながら、私なりに研究した人事哲学に基づいた提案である。

これは、サムスンの家族の目で分析したのではなく、客観的な第三者の目で、人事の専門家の冷静な目で見守りながら診断した結果に基づく提案だ。サムスンが韓国的な家族型人材経営を花咲かせ、新しい歴史を創造することを切に望んでやまない。

サムスンはいかにしてトップに立ったか

サムスン電子はリーマンショック以降の世界的な景気の急速な落ち込みで、２００８年10～12月期には赤字に転落した。しかし、その後のすばやい対応で、09年後半には業績を急回復させた。

例えば、薄型テレビの販売台数は06年の７５１万台から09年には３０６８万台と、４倍になった。さらに、09年には薄型テレビ、半導体、液晶パネル、携帯電話を軸にした四本柱を合わせ、１兆ウォンを超える営業利益を稼ぎ出した。その勢いは今年（２０１０年）に入っても衰えず、１～３月の連結利益は４兆４１００億ウォン（約３５３０億円）で、四半期決算では過去最高となった。

これにともない、ソニーやパナソニック、シャープ、東芝をはじめとする日本の家電メーカーは世界各地でサムスンに敗退し、苦汁を嘗《な》めさせられ、技術力もデザイン力もマーケティング力もサムスンに対抗できず、サムスン一人勝ちと日本勢全滅の状況を呈している。

それを象徴するのがＬＥＤテレビだ。これは、通常の液晶テレビが画面の後ろから蛍光灯で光を当てているのに対し、代わりにＬＥＤ（発光ダイオード）を使うテレビだ。これによって、自然に近い発色ができ、黒のコントラストも鮮やかになる。ソニー製が１００万円以上なのに対し、サムスンはこれを従来型の液晶テレビと遜色ない価格で売り出した。しかも画面ばかりでなく、デザインも美しく、パナソニックの首脳さえ「世界で最も美しいテレビ」と評し、脱帽している。発売当時、サムスンは日本の家電業界から撤退していたので、日本ではサムスン製のＬＥＤテレビは出回らなかったが、中国や欧米ではたちまち消費者をひきつけ、爆発的に市場を席巻している。日本の消費者は世界のトレンドから置いてきぼりを食う形になった。

米国市場は世界のテレビ販売の3割を占めるが、激しい価格競争の結果、２００9年には薄型テレビ販売台数で、サムスンがトップの地位を固めている。これは、サムスンが薄型テレビ市場で世界のトップに立っていることを示すと同時に、長く米国市場を独占していた日本勢の落日を示す象徴的な出来事となった。

　ことここに至る以前に、すでに90年代に、日本はかつてお家芸だった半導体で、サムスンに抜き去られていた。当時、日本は量産で多くの利益が見込めるＤＲＡＭ開発競争で、市況に合わせて研究開発・設備投資を調整し、とくに市況が悪くなると投資を極端に抑えながら、瑣末なレベルの国内競争に明け暮れていた。これに対し、サムスンは短期的な市況の変化にこだわらず、集中的かつ果敢に投資を続け、その成果として92年に世界初の64メガＤＲＡＭを開発し、メモリー事業で世界1位に躍り出たのを皮切りに、次々にメモリーの容量を拡大して、他のメーカーを引き離し、世界の半導体市場のトップに立った。その背景には、長期的市況を鋭く見極めて、市況が悪いときこそ設備も安く買えるというサムスンの深謀遠慮の戦略的な発想がある。そしてまた、ここぞというときに投資の機を逃さないトップの決断力は、後に述べる韓国一流のトップダウン経営の効果でもある。こうした教訓があるにもかかわらず、日本はまたも同じような敗北を喫したのである。

　これに対し、ソニーやパナソニックをはじめとする日本メーカーは、３Ｄテレビで巻き返しをはかっているが、この方面でもサムスンはすでに３ＤのＬＥＤ液晶パネルの量産を開始して

10兆円を超える世界一の売上高

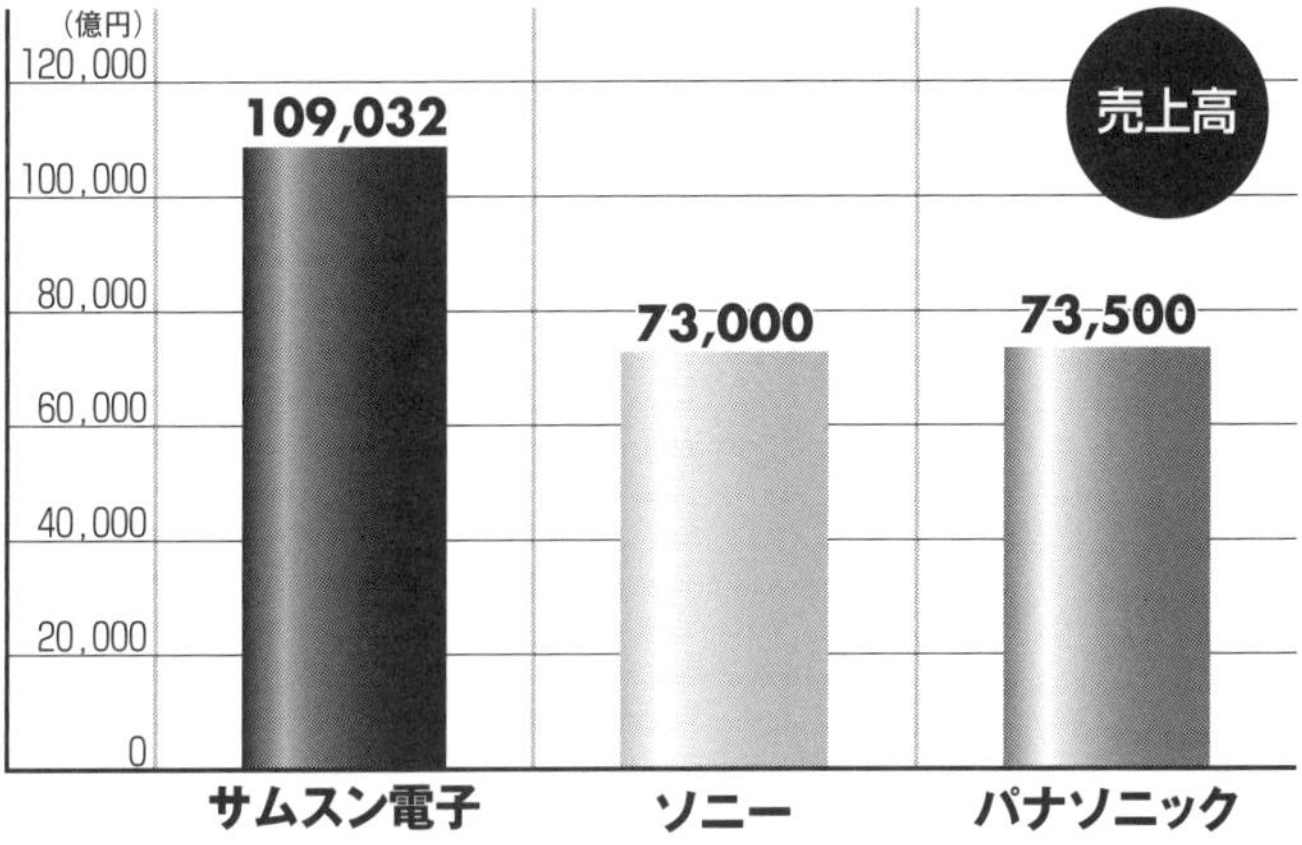

サムスン電子は2009年12月期
ソニー、パナソニックは10年3月期見通し
1ウォン＝0.08円で換算

営業利益でもソニー、パナソニックを圧倒

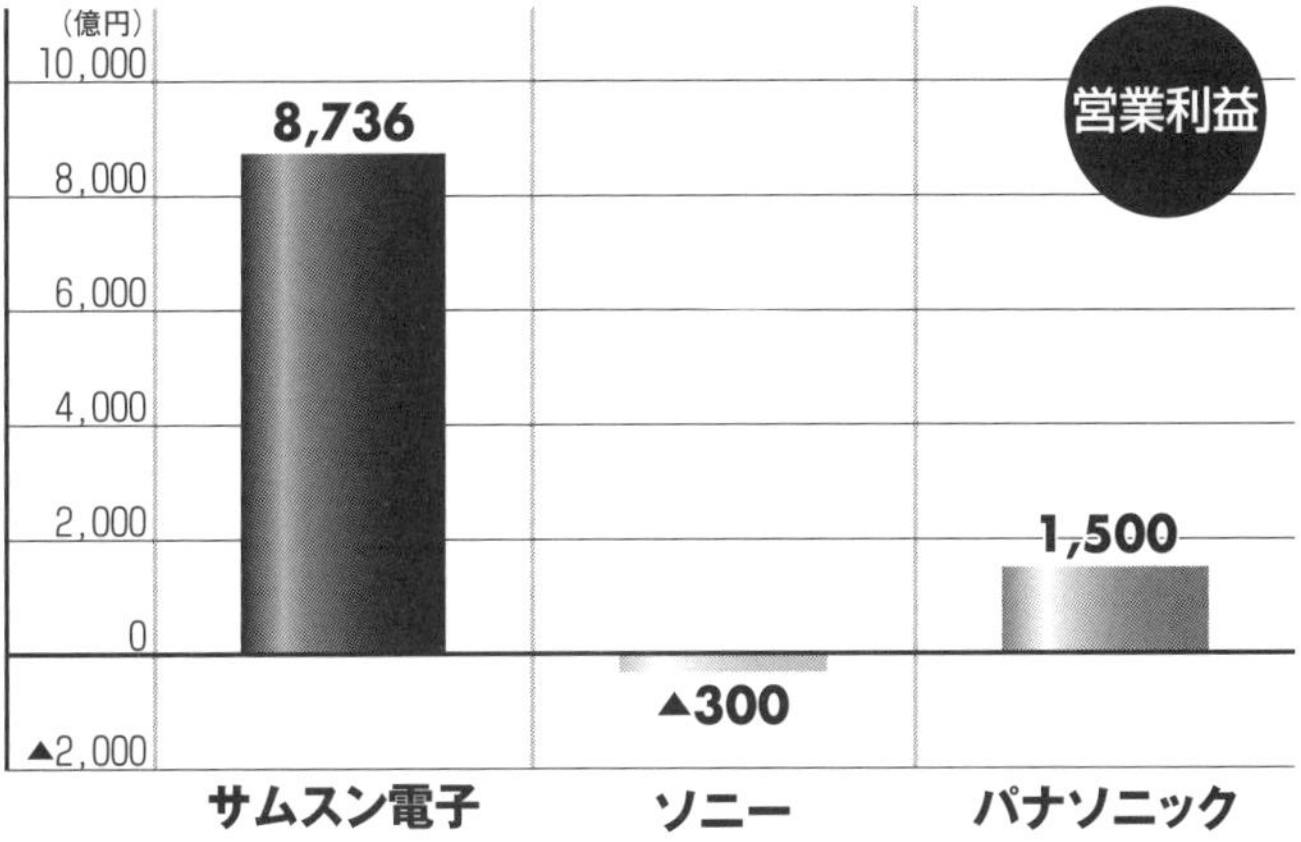

サムスン電子は2009年12月期
ソニー、パナソニックは10年3月期見通し
1ウォン＝0.08円で換算

おり、北米で46型の3Dテレビ投入を発表している。価格は1700ドル（約16万円）で、画面の大きさはパナソニックより一回り小さいが、4割ほど安く、またもや日本は価格競争で出遅れてしまった。

もともとサムスンは家電メーカーとして、ソニーやパナソニックと比べ、歴史は浅い、後発会社だ。

サムスングループの源流は、日本統治時代の1938年に李秉喆《イビョンチョル》初代会長が創立した三星《サムスン》商会だ。李秉喆は早稲田大学の専門部を卒業し、当時28歳の若さで三星商会を立ち上げ、製粉・製麺業をはじめ、乾物・製菓などを満州に輸出したり、醸造業に手を広げる一方、古鉄などを日本に輸出し、医薬品、肥料などを輸入するなど、資本を拡大し、事業の幅を広げてきた。

しかし、家電市場に進出したのは比較的遅く、1969年のことだ。それは当時、朴正熙大統領の陣頭指揮で推進された「漢江《ハンガン》の奇跡」と呼ばれる高度経済成長のなかで、韓国政府が経済開発計画で提示した重点育成産業に対応するものでもあった。そうした政府とのパートナーシップは現在も変わっていない。

このように比較的歴史が浅いにもかかわらず、サムスンが経済危機を乗り越え、厳しいグロ

薄型テレビシェアはソニーの2倍、パナソニックの3倍

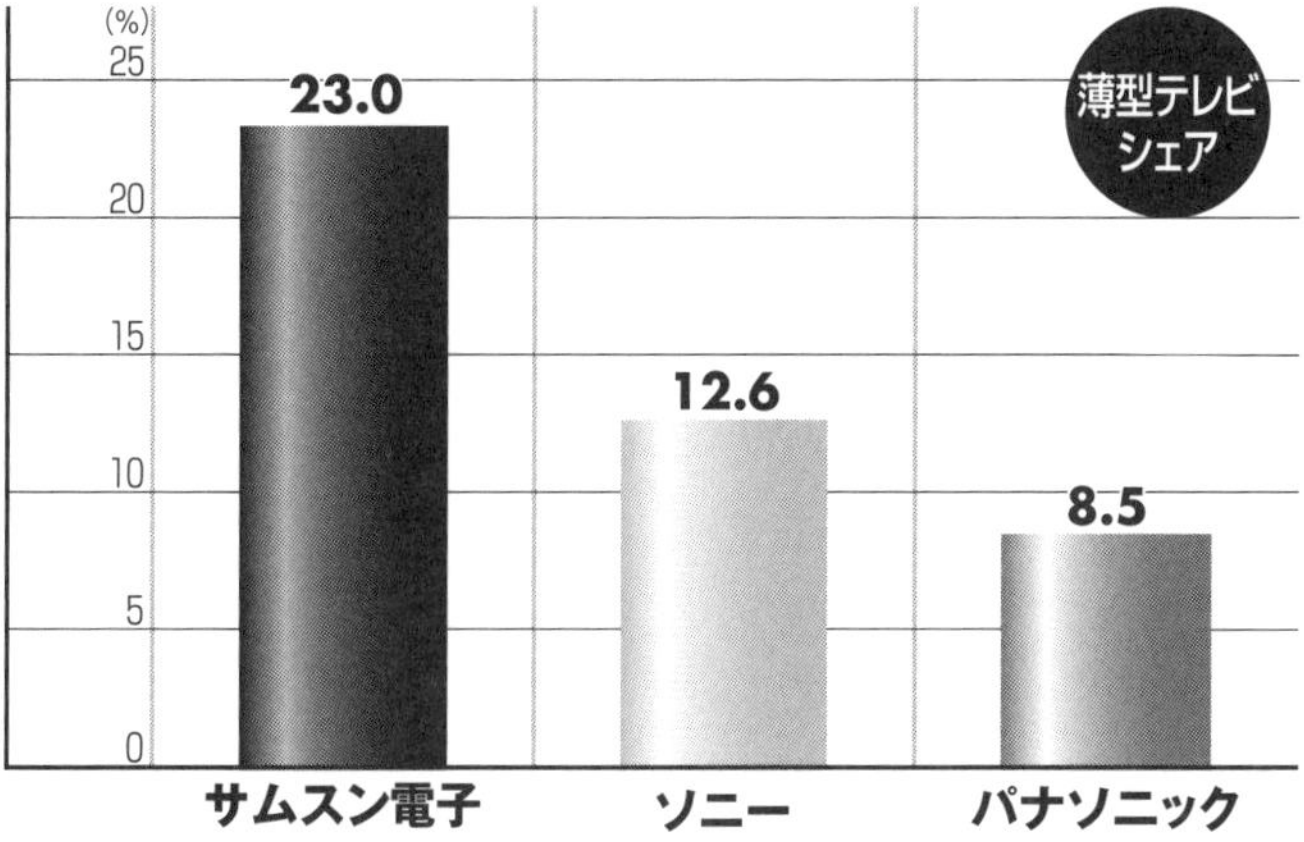

2009年1～9月、金額ベース
出所：米ディスプレイサーチ

米国特許でもソニー、パナソニックの2倍

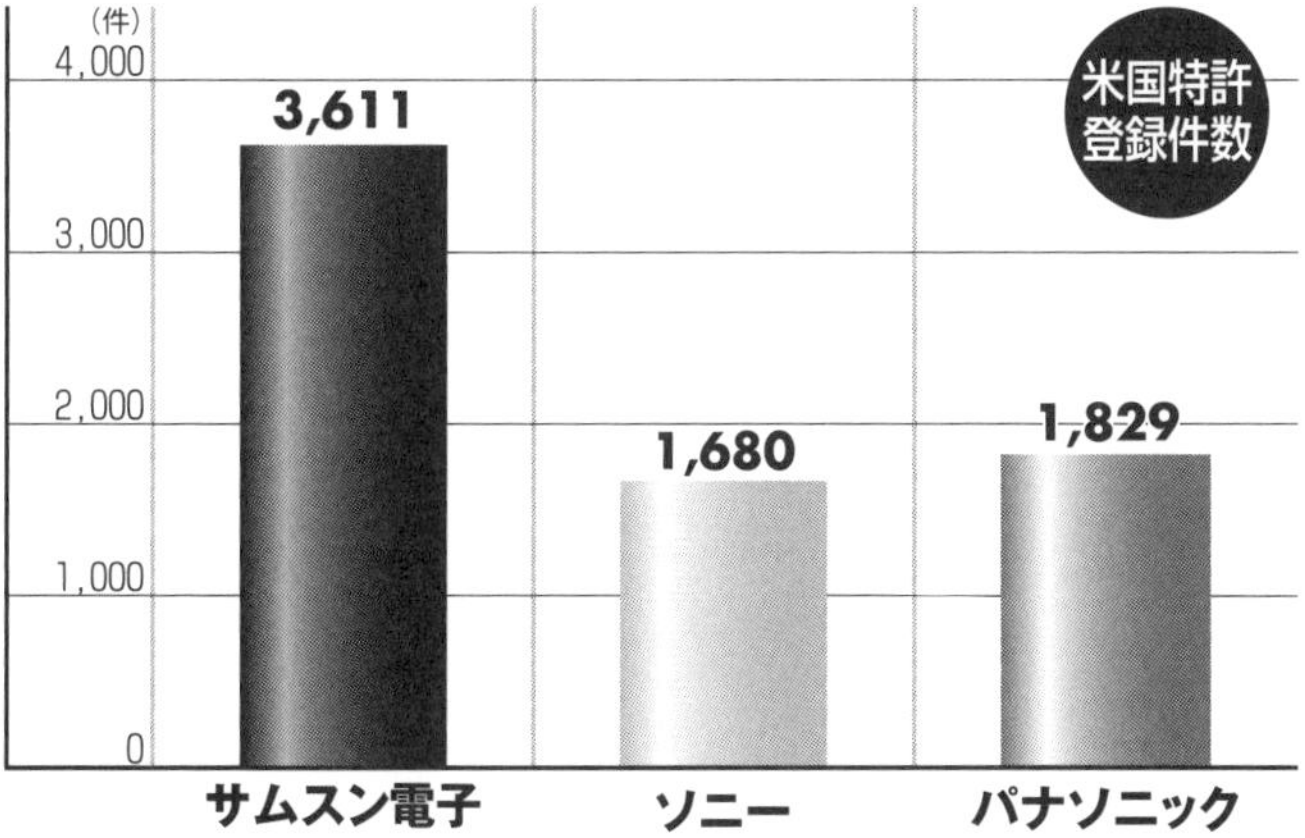

2009年
出所：米 IFI CLAIMS 特許サービス

ーバル市場で急速な成長を実現できたのはなぜだろうか。それは、ひとつにはサムスンをはじめとする韓国企業にとっては、グローバル化は日本以上に企業の存亡を決する重大な問題だからだ。

ソニーの海外売上高比率は75パーセント、パナソニックは47パーセントだ。これに対し、サムスンの海外売上高比率は87パーセントにのぼっている。これは、韓国の国内市場規模が小さいので（08年のＧＤＰは84兆円で、日本の5分の1足らず）、大きく急速に成長するには日本以上に輸出に頼らざるを得ないという事情がある。それに加えて、日本以上に少子化が進み、国内市場はますます狭まっている。その一方で、李健熙《イゴニ》会長が鋭く指摘したように「中国に安いコストで追い上げられ、日本は技術で先を行く。韓国はサンドイッチ」という厳しい現状認識からの出発であった。そうしたなかで、「気を抜いたらやられる」という危機感と緊張感を持ち続けたことが、現在の成功の原動力になっている。

だから、とくに93年の李健熙会長の新経営宣言以降、サムスンの経営陣は強い緊張感を維持して社員を率い、全社が一丸となってグローバル化への対応に努め、国際市場に積極的に打って出て、今日の成功を築き上げた。

勝利の鍵はトップダウン経営と人事にあり

こうしたサムスンの強さと成功の秘訣は、第一には意思決定の速さと思い切った投資にあると言われている。そして、これは初代会長以来受け継がれてきた、韓国企業の伝統的なワンマン体制とトップダウンの意思決定方式に支えられている。これは、従来、韓国企業の「封建性」「遅れた体質」の象徴のようにみられてきた。その一方で日本では、取締役会の合議制や各部署での協議の尊重、社外取締役などが、徹底した「経営の民主化」として進められてきた。しかし、情報化とグローバル化の時代には、米国のGEに代表されるように、かえって意思決定とその実行の速さが雌雄を決するようになった。GEのカリスマ経営者、ジャック・ウェルチが「スピード経営」で業績を上げた所以である。

つまり、「遅れている」とされていた韓国企業のワンマン体制が、スピード経営に必要なトップのスリム化と社内の意思疎通システムの簡素化、合理化を先取りすることになったのだ。これはそれまで古臭いと言われながら、グローバル時代にはかえって先進的なCEO（最高経営責任者）体制による経営の合理化とスピード化に、サムスンをはじめとする韓国企業がいち早くスムーズに対応できたということである。

しかし、こうしたトップダウン体制でのスピード経営は、まかり間違えば拙速に陥り、判断ミスによる大損害を招きかねない。だからこそ、ふだんからトップの周囲を優秀な人材で固めておく必要がある。そのために、サムスンは創業当初から、一貫して人事を最重要政策としてきた。本書にも紹介されているように、李秉喆初代会長は「百年の計は人を植えるところにある」「私は人生の80パーセントを人材を集めて教育することに費やした」「人を育てることに最も心を砕いてきた」と述べているほどだ。

本書はそのサムスンの人事の「秘中の秘」について、人事部長として直接携わった著者が明かしたものだ。本書が書かれたのはすでに3年前だが、人事を重視するサムスンの姿勢はいささかも衰えていない。いや、それどころか、以前より強化されている。とくに以前にも増して重視されているのが、グローバル化に対応する「グローバル人材」の育成だ。

例えば、ＴＯＥＩＣについては、05年に新入社員９００点以上、既存社員８００点以上という基準が設けられたが、最近では中核に位置づけられるＡ級人材は９２０点以上、またその上を行くS級人材はそれに加え、流暢な英会話と筆記ができなければならない。

　しかも信賞必罰の徹底もさらに強化されている。社内での昇進、生き残りの基準はますます厳しくなっており、A級人材でなければ課長クラスへの昇進は不可能となっているどころか、会社に残ることすら難しくなっている。こうしたリストラと人材育成の強化によって、サムスンは人事を通じ、組織としてのスリム化を敢行し、社員全員が幹部級の能力を持つ最強組織の実現へ向かっていると見ることもできるだろう。実際、人材の入れ替わりは激しく、毎年新入社員の1割が辞め、3割が3年以内に会社を去ると言う。

　役員らトップクラスの人材に莫大な年俸が与えられることは本書でも紹介されているが、09年10月には研究開発に専念する専門社員にも役員並みの待遇を与える「マスター制度」が導入され、人事を通じた技術開発の促進もますます進んでいる。

　これとともに、海外からの人材獲得もますます強化されている。世界各国から技術顧問をスカウトし、最新技術の収集を行ったのは有名だが、その後も海外、とくに日本の技術者に対するヘッドハンティングが活発で、最近では一説によれば、ソニーをはじめとする東芝などの大手の電機メーカーの技術者が累計300〜500名もサムスンで働いていると言われる。その中には大手のテレビ事業の責任者や実装技術開発の責任者、さらにはＣＣＤの開発者ら、第一級のスタッフが含まれている。これら貴重な人材を引き止められず、みすみすサムスンに奪われたのはソニーをはじめとする日本の大手の人材確保・管理の大きな失策であり失点と言わねばならない。また、電子技術に限らず、デザインやマーケティングなどで世界的な賞を得た人材を金にいとめをつけず取り込んできた。サムスンが求めているマンパワー（技術者）をヘッドハンティングした人材会社には、一人あたり一〇〇〇万円近い報酬を支払っている。

さらに今では有名になってしまったが、サムスンが海外駐在員を徹底的に現地に定着させ、その地のニーズをつかむ「地域専門家」制度が本書でも詳しく紹介されている。そうした地域専門家が、ライバルの日本企業が手塩にかけて育てた現地人スタッフを引き抜くということも行われている。まさしく仁義なき戦いであり、生き馬の目を抜く世界だが、人事を軸として技術開発やマーケティング、販路拡大などを強化するサムスンの経営手法はますます発展し活発になっている。そしてまた、地域専門家が現地に完璧に定着することで、その地の細かいニーズを掘り起こし、いわば「かゆいところに手が届く」製品やサービスを提供する制度は、海外の消費者の目線に立った商品開発にますます力を発揮するようになっている。

こうした経営努力に対し、国家からのバックアップも大きい。韓国は税制面で日本よりも法人税が圧倒的に安いのはもちろん、KAIST（韓国科学技術院）という産官学をつなぐ機関があり、学界の最先端の研究、技術の情報を企業にいち早く伝えたり、企業や消費者のニーズを学界に伝える橋渡しになっている他、幅広い人材育成の場ともなっている。また、この他にも企業の研究開発投資や設備投資を促すために、様ざまなインセンティブを与えている。とくに韓国政府がサムスンに対し、様ざまなサポートをしたのは、サムスンの貿易規模は韓国全体の20パーセント以上を占めるので韓国の死活を左右するほどに大きく、サムスンの貿易が落ち込めば、連鎖反応で韓国は重大な危機になりかねないからだ。

日本はなぜ敗北したのか

今日のサムスンの経営は、スリム化した経営体制による果断なスピード経営、それを支える幅広い人材の抜擢《ばってき》と育成、そして世界に目を向け、海外に積極的に打って出る覇気と、国際市場での生き残りに賭ける絶えざる緊張感などによって特徴づけられる。しかし、これらの要素は、かつて日本にこそ見られたものである。

例えば、人材育成一つとってみても、古くは武田信玄が「人は石垣、人は城」と謳い、組織経営の根幹は人材の選抜とその適材適所の如何にかかっていることを説いている。下って大正から昭和にかけ、松下幸之助は丁稚奉公から始まって、「世界の松下」を築き上げたが、その道のりはまさしく優れた人材の獲得と育成の連続であった。その一方で、松下幸之助は常日頃から周囲の人びとの暮らしぶりを注意深く観察し、人びとが今何を求めているかを見出し、有名な二股ソケットや自転車の発電器付ランプをはじめ、文字通り人びとの求めに「かゆい所に手が届く」アイデア商品を安い価格で世に送り出した。それと同時に、「赤字とは人体にたとえれば、出血である。出血が多量になれば、会社も死んでしまう」と言って、経営を維持するための厳しい緊張感を維持していた。

サムスンの経営は、李秉喆が当時上り坂にあった松下幸之助の姿から学び取ったものと言える。それは、いわばかつて日本の高度経済成長を支えた経営者の精神を彼が引き継いだのである。それが今日のサムスンの成功の礎となっている。松下幸之助の経営マインドの遺伝子は、韓国企業に受け継がれているとも言えるだろう。

ただしその経営手法は、もちろん昔のままではない。世界は絶えず動いている。そして、所と時代が変われば、消費者のニーズやその掘り起こし方も変わってくる。そうした臨機応変の精神、絶えざる自己革新の緊張感も、松下幸之助に代表される日本経営の先達から、今日のサムスンをはじめとする韓国企業に受け継がれ、進化・発展しているのである。

それでは、その精神は今日の日本には受け継がれているだろうか。これはきわめて心もとない。現在、日本の輸出は、中国を中心とするアジア向けが欧米を上回り、全体の5割程度を占めている。そのなかで、日本企業は韓国勢を相手に、じりじりと瀬戸際に追い詰められつつある。日本企業が進出してみると、サムスンなど韓国企業が既に拠点を構えていたということが珍しくない。しかし、こうした現場の状況に対する危機感が、日本企業のトップからはまるで感じられないのだ。

たとえば某大手電機メーカーの社長は「打倒サムスンの秘策」として「環境を機軸にグローバル化を徹底する」ことを掲げ、「海外へ販路を押し広げていく」し、人材採用でもグローバル化を進めると述べているが、その具体策となると、お寒い限りだ。まず、この社長は2012年にかけてのインドへの進出計画を麗々しく謳い、「インドでの成功は、こうした

（中近東やアフリカのような）新興国を攻略する橋頭堡にもなる」と言うが、彼自身がそのすぐ後で述べているように、インドはサムスンが海外で最も大きな成果を収めた地域の一つで、同じ韓国のＬＧとともに、圧倒的なシェアを誇っている。これにどのように切り込むのか、その「秘策」が実にお粗末で心もとない。

まず、新興国市場での勝負の分かれ目は、どれだけその国の人びとの生活を知っているかに尽きる、とくに新しく出現してきた中間所得層の生活を研究することが必須だなどと、素人でも思いつくような方針を、さも鬼の首でも取ったように挙げている。そして、具体的な対応として「ライフスタイル、趣味嗜好を的確に探り当て、新興国の中間所得層のニーズにあった商品を開発し、販売していかなければなりません」と述べている。そのために「グローバルコンシューマーリサーチセンター」を設置して、それぞれの国の生活研究で得た成果を集約し、グローバルに情報を共有して商品開発や市場開拓に役立てるのだと言う。

これはすぐ後で彼自身が認めているように、サムスンの後を追っているにすぎず、しかもすでに一歩先んじられている。サムスンに勝って国際市場で存在感を示すには、サムスンがこれまでやっていないこと、できないことをやってシェアを奪い取らねばならないのに、この文章からではそのことが分かっているのかすら、疑わしい。

　また、サムスンを巻き返す「地道な努力」として、「スター俳優を起用したＣＭを大々的に流すようにした」「インドで盛んなクリケットやサッカーのチームを企業としてサポートし始めた」など、厳しい生き残り競争から見れば失笑を禁じえないような小手先の策を掲げている。

　ここで一番問題なのは、日本企業がサムスンとの競争で瀬戸際に立たされているという緊張感がまったく感じられないことだ。「長いスパンで見れば新興国市場も成熟していき、単に価格だけではなく、性能や耐久性、またアフターサービスを重視していくようになる」「そのときにこそ、我われが長年つちかってきた技術開発力が生かされる」「表面的な値段だけではなく、水道代・電気代といったランニングコストも含めて消費者が納得できる価格を提示できれば、韓国や中国のメーカーとも十分勝負できるはず」……。

　彼が言っているのは「〜たら、〜れば」に基づく仮定ばかりで、その見通しを確実なものとする裏づけは何もない。確実な情報の収集と分析に基づいた幅広くきめ細かな展望に裏づけられてこそ、成功への道を切り拓く長期的な戦略を打ち立てることができるだろう。しかし、この社長の言っていることは「新しい価値観、それから新しいライフスタイルを提案していく」

「環境革新企業」などと口当たりのいいお題目を唱えるばかりで、サムスンをはじめとする韓国勢に「確実に勝つ」ための具体的な戦略はいっこうに見えてこない。

しかも、韓国勢は絶え間なく次の手を打っている。先の３Ｄテレビで一歩先に踏み出した他、今後はアフリカ市場の開拓が台風の目となると見て、ここ数年はアフリカ諸国に相次いで人材を送り込んでいる。これに対し、日本勢はパナソニックがナイジェリアに現地駐在員を置いた程度だ。さらに、最近では家電販売の頭打ちを見越し、韓国勢はインフラ輸出に新たな目標を定め、アラブ首長国連邦・アブダビの原発入札で落札し、世界を驚かせた。かつては、石油プラントなど、こうした中東など途上国へのインフラ輸出は日本のお家芸であった。しかし、インフラ輸出では、単に建設時のその場限りではなく、長期的な技術指導やメンテナンス、アフターサービスなどのために、現地への長期にわたる人材派遣が必要だ。しかし、昨今の日本ではミーイズム（私生活主義）やマイホーム主義、若者の冒険心や忍耐力、新しい環境への適応力の低下などから、こうした人材の確保は難しくなっている。それに対し、韓国にはまだまだそうしたことに積極的に取り組む人材にはこと欠かないし、そのことが海外で大きく評価されているのだろう。

こうしてあらゆる領域で韓国にお株を奪われ、瀬戸際に立たされているのに、この社長ばかりでなく、日本社会全体に危機感や緊張感、そして覇気というものがまったく感じられない。それを象徴するのが、日本の経済や社会全体に蔓延する「ガラパゴス化」（内向き化）ということだ。

こうした内向き志向はとくに若者に目立ち、そのことは日本人学生の米国留学生数の著しい減少に表れている。２００８～09年にかけ、米国への留学生数が最も多かった国は中国で、約12万人、次はインドで９万８０００人、３位は韓国で7万５０００人だった。それに対し、日本は２万９０００人と格段に少ない上に、前年度比14パーセントの減少だった。

なぜこのようになったかと言えば、日本が近代化し、高度経済成長を遂げる「進化」の過程で、最初は米国という目標について行けばよかった。ところが、90年代になって米国に追いつき追い越す過程で、先に立つ者がいなくなると、日本は迷子のようにどちらに進んだらよいか分からなくなってしまったと言えるだろう。とくに、日本国内だけでなく、世界の消費者を満足させるように気を配らねばならなくなったが、それがうまくいかなかった。とくに携帯電話では「日本でしか通用しない」ものとして「ガラパゴス携帯」（ガラケー）と揶揄《やゆ》されるほどである。

こうした目標意識の喪失と危機感、緊張感のなさそのものが、日本が韓国勢に敗北した最も大きな原因だろう。この問題を解決せずして、日本の復活はないと言っても過言ではない。小川紘一東京大学特任教授は最近の研究で、日本が半導体をはじめ、たくさんの分野で特許を取りながら、それらは結局、半導体部品の最も重要な部分の特許と製法の秘密を握る米国のインテルのような企業の掌の上で、いわば踊らされていたにすぎなかったことを指摘している。そのせいで、日本が本当に他の追随を許さないものは何もないことに気づかないまま、米国に巻き返され、さらには韓国勢にも抜き去られることになったわけだ。

ここで言えるのは、日本企業に油断があり、一時の勝利に慢心して緊張感を維持するのを怠ったということだ。それに対し、韓国は大容量メモリーや新型の液晶画面の開発、デザインの改良など、絶えず緊張感をゆるめることなく、自らにできる範囲で真に「他の追随を許さないもの」を築き上げた。その努力の積み重ねが今日のはなばなしい成功を築き上げたのである。

このようなここ十数年の状況をやっと認識したのか、日立の中西宏明社長は次のように述べている。

「日本の成長を勉強して、最初に成長したのが台湾。その後に韓国。今は中国。日本が世界一になったシナリオを調べ、日本を乗り越えようとしている。我々はその動きに危機を感じながらも、この10年、抜本的な対策を取ってこなかった。代表的な例が半導体とテレビだ。これから先は我が社の原点に回帰する。……」（朝日新聞２０１０年7月18日朝刊）

サムスンはこれからが正念場

現在、サムスンは部品産業では中国や東南アジアなどの新興企業に肉薄されているものの、完成品の組み立て産業では薄型テレビをはじめ、世界のトップランナーの位置にある。これを今後とも維持していくには、四六時中たゆみなく緊張感を維持し、世界の情報の収集と処理、分析と理解、そして対応に努めなければならない。それはけっして不可能なことではない。韓国は「漢江の奇跡」という高度経済成長以来、「ハミョン　テンダ」（やればできる。なせばなる）を合言葉に、それを実現してきた。

サムスン電子を主軸とするグループの勢いを、韓国では当座２０２０年を一つの画期として注視している。それと言うのも、太陽電池、自動車用電池、LED、バイオ製薬、医療機器などの新事業によって売り上げ50兆ウォン（4兆円規模）、雇用創出4万5000名をめざしているからだ。

その主な内訳は左ページの表の通りだ。

今後、7、8年のサムスングループの勢いに、日本ばかりでなく、世界は目を離せない。しかし、サムスンをはじめとする韓国勢がいつまでその勢いを持続できるのか、不安要因もなくはない。それは、韓民族の悪弊として、その緊張感に長く耐えられるかが問題になるからだ。

現代の韓国社会でよく見られるように、韓国人はハングリー精神をもって下から這い上がるのは得意である。もう20年以上前に、技術学習にいそしむサムスンの新人研修風景が日本のテレビドキュメンタリーで放送されたことがあるが、そのピリピリとした緊張感はさながら戦時下であった。退廃的な文化にどっぷりと浸かり、飽食しきった現代の日本人は、この隣国の映像をどのように受け止めただろうか。

戦後日本は長いこと「焼け跡から不死鳥のようによみがえった」というのを金科玉条のよう

2020年までに計画されているサムスンの新事業投資

新事業	事業主体	投資規模（ウォン）	売上目標（ウォン）	雇用見通し（名）
太陽電池	サムスン電子	6兆	10兆	1万
自動車用電池	サムスンLED	5兆4000億	10兆2000億	7600
LED	サムスンSDI等	8兆6000億	17兆8000億	1万7000
バイオ製薬	サムスン電子・サムスン医療院	2兆1000億	1兆8000億	710
医療機器	サムスン電子・サムスン電気・サムスン医療院等	1兆2000億	10兆	9500

2020年までを目途とするこれら新事業投資の総額は23.3兆ウォンにのぼり、総売上目標は50兆ウォンである。また半導体、LCD の既存事業の投資計画については、2010年だけでも総額26兆ウォンを投じる予定である。このうち、設備投資は18兆ウォンで、半導体部門は京畿道華城の FLASH メモリー（NAND型、20nm プロセス）工場建設や DRAM（30nm プロセス）増産対応20万枚／月、パネル部門は総額5兆ウォンを投じ、テレビ用第8世代液晶パネル7万枚を忠清南道で生産する他、天安ではサムスンモバイルディスプレイ（SMD）で第5.5世代の有機 EL パネルの生産も進める。また残りの8兆ウォンを研究開発に投じる予定である。

に誇りにしてきたが、韓国では朝鮮戦争の惨禍を乗り越え、それ以上のことが成し遂げられてきた。骨肉相食み、兄弟家族が離散し、全国土をローラーをかけるように焼き尽くされた。日本は沖縄だけでしか地上戦が行われなかったのだから、そのハンディは日本をはるかに上回るものだった。そこから立ち上がった偉業は称賛に値する。

しかし、その成功を長期にわたって維持発展させていくのは、多くの韓国人にとって難しいようだ。例えば、地方からソウルに上って来て食堂を経営し、少しお金がたまると、それを運転資金にして店を大きくするのではなく、すぐに店を誰かに譲って、安楽に暮らしたがる場合が目立つ。仕事そのものではなく、お金を稼いで楽をすることの方が目標になってしまうからだ。

こうした傾向のために、韓国には大小にかかわらず、企業や商店などで百年以上の歴史を持つ「老舗」というものは存在しない。この点は、日本では三越のような大店や、刀剣、陶芸、織物、伝統楽器、染物など各種の分野で、江戸時代以来の老舗が珍しくないのとは対照的だ。能や狂言、歌舞伎、落語などの文化の面でもそう言えるだろう。これは得られるお金を超えて、仕事自体に意味を見出しているからだ。松下幸之助にしても、企業の使命は仕事を通じて社会にモノやサービスを提供して豊かにすることにあり、売り上げの利益はそれらを維持発展するために与えられるものだと述べている、こうした考え方の基礎には、仕事そのものに生きがいが感じられなければならない。しかし、経済成長が進み、モノが豊かになると、価値観が多様化し、趣味や娯楽も増え、その誘惑も大きく、仕事だけに一心不乱に生きがいを見出すのは難しくなっている。

また韓国でも、少子化が進むとともに、父親が家庭サービスに生きがいを感じることが多くなっている。そうしたなかで、仕事への緊張感をどれだけ維持できるだろうか。また、韓国社会の伝統的な側面では、秋夕《チュソク》（旧暦の八月一五日。かつての農村共同体社会で、秋の収穫を祝う祭日）などの里帰りに代表されるように、日本以上に親族のつながりが強い。そうしたなかでは、経済成長でモノが豊かになるとともに、ますます「仕事以外の領域」にエネルギーをとられることになるだろう。

それはまた日本の経済と社会が自己満足して内向きになり、覇気と活力を失っていったのと同じ道をたどることになりかねない。そうした状況のなかで、「緊張感」を維持できるか、サムスンをはじめとする韓国企業は今こそ「勝って兜の緒を締めよ」とばかりに正念場を迎えていると言えよう。

また、日本企業もこれと真剣に緊張感と危機感をもって対峙し、またこれを機にライバルたるサムスン、さらには今日の日本の豊かさを築いた先人の精神に学ぶことによって、現在の危機を打開する活路を見出すことができるだろう。

世代が変わり、日本の新たな世代は、焼け跡も、地の底から這い上がることも、耐えることも知らない。現状では、一般的に韓国の若者のほうがバイタリティが豊かであるのは明らかだ。近い将来、いかに内向きになった日本の若者でも、その現実に直面しなければならなくなる日が訪れるだろう。そのとき、試練にもまれて鍛えられてこそ、若者たちは初めて日本の将来を担うに足る「大人」に成長するに違いない。

前坂俊之

訳者あとがき

本書は『サムスンの人材経営』（青林《チョンリム》出版社、ソウル、２００７年）の最新版からの全訳である。現在まで、14刷を重ね、合計10万部に迫っている。この種の経営書として、韓国ではいわば「バイブル」としてもてはやされている、ベストセラーだ。

サムスン電子は２００４年に純利益でマイクロソフト、インテルを抜き、世界トップのＩＴ企業に躍り出た。その勢いは今も止まらない。世界的にＩＴ産業が伸び悩むなかで、サムスン電子だけが世界のトップランナーとして独走している。この奇跡的な成功は世界の注目を集めている。現に、２０１０年７月７日、４～６月期の連結営業利益はおよそ３７００億円で、前年同期比で約90％に迫る額に達したことが公にされた。これは、過去最高水準の利益である。ちなみに、昨年２００９年の売上高は約11兆円で、営業利益は８０００億円以上であった。この額は、日本のソニー、パナソニック、シャープ、東芝、日立、三菱、ＮＥＣなどの電機大手８社を合わせた合計よりも２０００億円以上上回っている。

その秘密はどこにあるのか。世界のマスコミや研究者が先を争って調査した結果、その核心はサムスンの人事戦略にあることがわかってきた。しかし、その具体的な内情はサムスンの一般社員ですら寄せつけない秘密のベールに包まれており、これまでの報道や研究書も上っ面をなぞるだけだったり、単なる憶測の域を出ないものばかりだった。

本書の著者・中元東《シンウオンドン》は、サムスンの人事部で18年間働き、人事部長まで務めた。その彼がサムスンの人事経営の内幕を初めて明らかにしたのが本書だ。こうした本はえてして部外者には意味不明の細かい制度の説明がだらだらと続き、無味乾燥で中身のない抽象論になりがちだ。しかしこの本では、奇跡の成長を支えた人事制度の特徴がポイントを押さえ、明瞭にして簡潔にわかりやすく、具体的に説明されている。しかも、著者が人事の現場で体験したエピソードなども生き生きと紹介され、具体的で血の通った内容になっている。

サムスンといえば、かつては創業者・李秉喆《イビョンチョル》の出身地の縁故から、慶尚北道、とくに大邱《テグ》の地方閥で固められていることで知られていた。しかし本書によれば、サムスンはとっくにそうした因習から脱し、徹底した能力主義、成果主義をとっている。また人材育成に文字通り惜しみなく投資している。こうした点は、往時を知る立場からは、まことに隔世の感がある。

韓国では、こうした地縁主義が権威主義や怠慢、ずさんな品質管理、無思慮、不正、無責任、個人プレーなど、近代化と成長を妨げる諸悪の根源となってきた。つまりサムスンが地方閥の支配を克服したということは、こうした韓国の宿痾《しゅくあ》を解決したということでもある。それを証するように、現在のサムスンでは「適当主義」は最も忌み嫌われているというのは、本書でも強調されていることだ。

また、本書を読むうえで踏まえておかねばならないのは、サムスンが韓国国内は言うに及ばず、世界中から優秀な人材を集める背景に、たえず成長を目指す上昇志向、貪欲なハングリー精神があるということだ。例えば、サムスングループの中核企業であるサムスン電子は２００６年に設備投資９・23兆ウォン（日本円で７４０億円）を投じている。日本の大手電機メーカー８社の設備投資が合計３兆円であるのをみれば、サムスンがいかに果敢な経営戦略をとっているかがわかるだろう。そして、本書にあるように、そのなかでサムスンは人材育成に途方もない資金を投じている。このように、まっすぐ未来を見据えた積極的な経営戦略と財政基盤があるからこそ、韓国の優秀な若者がこぞってサムスンを目指し、世界の優秀な人材もヘッドハンティングに応じているのだ。そして、それこそがサムスンの人材育成を支えているのだ。

最近は、日本も経常収支黒字や各種の企業実績などで史上最高を記録するなど、長い不況のトンネルから脱出しつつあるといわれる。しかし、多くの人にとっては、その実感はいまだ薄い。また、何よりもこのグローバルな大競争時代のなかでは、わずかな油断も企業の命取りになる。そして、その企業の成長を支える本質は何よりも「人」だ。「企業は人なり」というのは言い古された格言だが、今ほどこの言葉を思い起こさねばならないときはないだろう。そして、日本企業にとって最大のライバルというべき韓国のトップ企業・サムスンの成長を支えたのもまさしく人事だ。その秘密を知ることなくして、日本企業の国際的な生き残りもありえない。

これに関して本書から窺えるのは、サムスンが米国の成果主義や能力主義、人材開発システムに学びつつ、それをただ鵜呑《うの》みにするのではなく、韓国の企業風土や社会でうまく活用できるように組み換え、合理的に取捨選択して用いているという点だ。これに対し、日本ではひたすら従来の日本的経営を変えていくのが「改革」であるような風潮がある。それに基づいて大手企業が先を争って米国式の経営手法、とくに人事制度を導入してきた。

しかし、最近ではそれがかえって成長を頭打ちにさせているのではないかとも指摘されている。そのため、日本的経営のよさを見直そうという声もあがっている。グローバル時代には徹底した合理化を進めつつ、かえって欧米と異なる伝統的な経営手法を生かさなければならないということだ。サムスンの成功はそのよいお手本でもある。単に「サムスンの奇跡」の真実を知るだけでなく、伝統的な手法と欧米的な手法の長所をうまく活かした成功例のケーススタディとしても、本書から学ぶべき点は多いだろう。

岩本永三郎

【監修者プロフィール】
前坂俊之（まえさか　としゆき）
1943年、岡山県岡山市生まれ。慶應義塾大学経済学部卒業後、毎日新聞社に入社。情報調査部副部長などを歴任。1993年より静岡県立大学国際関係学部教授を務め、現在は、同大学名誉教授。ジャーナリスト、ノンフィクション作家としても活躍中。著書に『メディアコントロール』（旬報社）、『太平洋戦争と新聞』（講談社）、『明治37年のインテリジェンス外交』（祥伝社）などがある。さらに近著として『痛快無比！ニッポン超人図鑑』（新人物文庫）がある。

【訳者プロフィール】
岩本永三郎（いわもと　えいざぶろう）
1945年、東京生まれ。北海道大学理学部物理学科卒。テキサスインスツルメンツ社を経て1985年にソニー入社。（半導体LSI）事業部門長、ソニーセミコンダクター九州㈱副社長などを歴任。その後LCD開発センター長、S－LCD推進センター長として、サムスンとソニーとの液晶合弁会社（S－LCD）立ち上げに中心的な立場で尽力。2006年、ソニーデバイス販売特約店の㈱バイテックの社長に就任。2010年6月より同社最高顧問。また、2005年～2007年には九州大学客員教授（産学連携）を務め、日韓の産学交流などにも積極的に活躍している。

サムスンの最強マネジメント

第1刷　2010年8月31日

著　者　申元東
監修者　前坂俊之
訳　者　岩本永三郎
発行者　岩渕　徹
発行所　株式会社徳間書店
〒105-8055　東京都港区芝大門2-2-1
電　話　編集(03)5403-4344／販売(048)451-5960
振　替　00140-0-44392
本文印刷　三晃印刷(株)
カバー印刷　真生印刷(株)
製本所　ナショナル製本協同組合

乱丁・落丁はお取り替えいたします。

Printed in Japan
ISBN978-4-19-863003-4